"60分妈妈"系列

家庭与儿童成长

[英] 唐纳德·温尼科特 —— 著

林立宁 孙长玉 —— 译

The Family and
Individual Development

图书在版编目（CIP）数据

家庭与儿童成长 /（英）唐纳德·温尼科特著；林立宁，孙长玉译.—北京：世界图书出版有限公司北京分公司，2023.11
（唐纳德·温尼科特儿童心理）
ISBN 978-7-5192-9884-5

Ⅰ.①家… Ⅱ.①唐… ②林… ③孙… Ⅲ.①家庭环境—影响—儿童心理学—研究 Ⅳ.①B844.1

中国版本图书馆CIP数据核字（2022）第159854号

书　　名	家庭与儿童成长 JIATING YU ERTONG CHENGZHANG
著　　者	[英]唐纳德·温尼科特
译　　者	林立宁　孙长玉
责任编辑	余守斌　杜　楷
装帧设计	王左左
出版发行	世界图书出版有限公司北京分公司
地　　址	北京市东城区朝内大街137号
邮　　编	100010
电　　话	010-64038355（发行）　64037380（客服）　64033507（总编室）
网　　址	http://www.wpcbj.com.cn
邮　　箱	wpcbjst@vip.163.com
销　　售	新华书店
印　　刷	天津光之彩印刷有限公司
开　　本	880mm×1230mm　1/32
印　　张	7.75
字　　数	200千字
版　　次	2023年11月第1版
印　　次	2023年11月第1次印刷
国际书号	ISBN 978-7-5192-9884-5
定　　价	49.80元

版权所有　翻印必究
（如发现印装质量问题，请与本公司联系调换）

丛书译者团队

翻译统筹：何 异

译 者：何 异 李 仑 孙长玉 黄 杰 何 蓓
　　　　 谭 露 林立宁 王琳丽 高 旭

致谢词

　　我要再一次感谢我的秘书——乔伊斯·科尔斯（Joyce Coles）夫人耐心而细致的工作。

　　感谢马苏德·汗（M. Masud Khan）先生的建议，以及他在索引方面的工作。

　　还应为获得出版这些已公开发表的材料的许可，向下列主编、出版商和组织致谢：《家庭与学校新时代》的主编；《护理时报》的主编；《新社会》的主编；《英国精神病学社会工作杂志》的主编；《医学报》的主编；《人际关系》的主编；《加拿大医学会杂志》的主编；巴特沃思（Butterworth & Co.）有限公司（出版商）；英国广播公司。

D.W.温尼科特

序言

I

与弗洛伊德被放上神坛，受到无与伦比的尊敬或激烈的辱骂不同，唐纳德·温尼科特不是一个文化偶像；与拥有一群狂热信徒、习惯使用难以理解的术语的雅克·拉康不同，温尼科特不是一个被知识分子崇拜的人物——这正如他所愿，没有人比他更质疑狂热崇拜及其引发的僵化与教条。在温尼科特的一生中，他一直痴迷于个体自我的自由，反抗父母和文化的要求。他的作品自始至终在表达这一坚定的态度，用一种个性、独特、有趣，同时又很普通的方式讲述。这也许就是他对实践者的影响比对理论家的影响更大的原因，而尴尬的是，理论家们往往对真实的人和他们的复杂性视而不见。

当温尼科特突然出现在伦敦精神分析的舞台上时，这个满脸褶子的奇怪男人带着令人惊叹的观点，用一位分析师同事的话说，如同一个"凯瑟琳轮子"迸发着火花。在此之前，分析师们仍然主要从弗洛伊德的原始本能驱力来理解人类情感，将性满足作为行动的目标。梅兰妮·克莱因（Melanie Klein）已经对发展弗洛伊德理论做出了重要贡献，但克莱因仍然坚持弗洛伊德的"快乐原则"，认为婴儿所追寻的仅仅是以快乐为目标。她坚持认为，婴儿心理的戏剧是在自己的主观空间中上演的，其中的人物是婴儿对现实部分早期感觉邪恶的投射。而她对现实的环境以及环境中的人没什么兴趣。

温尼科特从克莱因的理论中汲取了很多东西，尽管他和克莱因的友谊不平衡，但却很亲密。他从她身上领悟到了幼儿幻想生活的重要性，作为一名实践者，他有着非同寻常的共情能力。然而，他坚持认为，婴儿从一开始所寻求的就是复杂的关系模式和互惠形式，而不仅仅是自己的快乐。想要理解婴儿的成长发展，就必须观察真实的环境，观察那些有回应或没有回应的客体，它们要么为情感发展创造了一个"促进性环境"，要么导致自我隐藏，然后被一个僵化的机制所取代。因此，他有一句名言："世上没有婴儿这回事儿。"我们总是在和一对"正在哺乳的母子"打交道。

温尼科特对精神分析的定位也比其他从业者准确得多。温尼科特把它看作是一种富有想象力的人文主义努力，类似于诗歌和爱情，而不是一门有着一成不变规则的精确科学。与伪科学分析师不同，他坚持认为："我们关心的是活着的人，完整的活着的人，充满爱的人。"

II

1896年，唐纳德·温尼科特（Donald Winnicott）出生于英格兰西部一个富裕的中产阶级卫理公会（Methodist）家庭。他的父亲弗雷德里克（Frederick）显然对他的行为有严格的标准。小唐纳德喜欢玩一个漂亮的蜡制女娃娃，他的父亲取笑他这种行为太不男人，所以小唐纳德打碎了他心爱的玩具。如果说他一生的大部分时间和他的理论观点都致力于保护"真我"，使其不受"随大流"压力的侵害，那么这一定是由于他父亲对他的干涉以及这种干涉给他带来的伤害。在后期，他关于自我的文章中有这样的描述——"我内心深处的抗议"，他提到："与违背自我的内心相比，被侵略，或者是被野人吃掉都是微不足道的小事。"

温尼科特的母亲贝茜（Bessie）经常因为自己的性欲而感到抑郁和恐惧：他曾告诉一位密友，他的母亲很早就给他断奶了，因为她不喜欢哺乳带来的快感。后来他意识到，为了让抑郁的母亲活下去，他努力克制自己的攻击性和性冲动。他选择了精神失常的艾丽斯·泰勒（Alice Taylor）作为他的第一任妻子，她很少洗澡，常常通过她的鹦鹉与T. E.劳伦斯（T. E. Lawrence）进行灵魂交流。这段婚姻持续了26年，但从未圆满。后来，他将充分享受性爱与允许自己有攻击性的想法联系起来。随着艾丽斯越来越精神恍惚，温尼科特照顾她的压力越来越大，这让温尼科特自己的健康状况也越来越差，多次心脏病发作。

第一次世界大战期间，他在一艘驱逐舰上服役。兵役结束后，他在剑桥大学获得了医学学位，进入儿科学习。多年以来，温尼科特一直对孩子有浓厚的兴趣。他乐于为他们的个性和想象力而写作。

他曾经统计过，在自己的职业生涯中治疗了6万名儿童。与此同时，无疑是由于他自己的人格问题，他对精神分析的兴趣也很浓厚。

1935年，温尼科特毕业于英国精神分析学院；这时，他开始与克莱因学派的琼·里维埃（Joan Rivière）进行分析工作。1935年，克莱因选择温尼科特为她的儿子埃里克（Eric）做分析。温尼科特被克莱因的圈子深深吸引，然而在这个圈子里他从未感到完全的自在。他觉得克莱因对正统的要求令人窒息，越来越感觉自己有必要反抗，走自己的路。与此同时，他挑战了她的理论基础，坚持认为现实生活中的母亲和活生生的人类互动是非常重要的。

"二战"期间，温尼科特在帮助疏散儿童时遇到了社会工作者克莱尔·布里顿（Clare Britton）；1944年，两人开始了一段婚外恋，并直接导致1949年温尼科特与艾丽斯解除婚姻关系，然后开始了一段幸福稳定的婚姻，直到1971年他去世。显然，他们有成功的性关系，而且两人都诙谐幽默，喜欢音乐和诗歌。一个朋友称他们是"两个疯狂的人，互相取悦，也取悦他们的朋友"。当被问及是否吵过架时，年迈的克莱尔回忆说："其实并没有出现互相伤害的情况，因为我们活动在一切都被允许的游戏区域。"温尼科特会在夜里醒来说："你知道吗，我为你着迷。"克莱尔是一个坚强的女人，因为帮助贫困儿童而获得大英帝国勋章。她也拥有一种非凡的能力，能够毫不费力地"掌握"温尼科特反复无常的脾气以及他的健康问题。

1969年在纽约的旅行中，温尼科特因为感染流感，心脏问题变得特别严重。在身体如此虚弱的状态下，他又活了一年，他继续探视病人，撰写论文，探讨重要的新领域，比如，他认识到人类性别混杂性

（mixture of genders）的重要程度[1]。

1971年1月，温尼科特在看完一部喜剧老电影后去世。

III

弗洛伊德认为人类行为是由强大的本能驱动的。如果道德和文化成为唯一标准，那么这些本能就需要被控制、压抑。而温尼科特对发展过程的变化充满信心，如果进展顺利，这将作为早期斗争的结果产生自然的伦理基础。他认为通常发育很顺利的孩子，他们的母亲通常都"足够好"。母亲很早就开始关注婴儿，并能够很好地照顾他们的需求，使婴儿的自我逐渐发展并表达出来。

一开始，婴儿不能将母亲理解为一个明确的客体。婴儿的世界基本上是与母亲共生的，而且是自恋的。然而，在"过渡性客体"的帮助下，婴儿逐渐发展出独处的能力。"过渡性客体"是温尼科特提出的一个著名的术语，用来形容婴儿亲近的毯子和毛绒玩具等，当母亲离开时，这些毯子和毛绒玩具能够带给孩子们自我安慰。最终，孩子发展出了"在母亲面前独自玩耍"的能力，这是发展中的自我变得越来越自信的一个关键标志。以此为基点，孩子开始能够将母亲作为一个完整的他人来相处，而不是作为自己需求的延伸。（温尼科特一直在谈论母亲，但直到他生命即将结束，似乎对父亲的角色都存在盲

---

[1] 此句原文为"such as the importance of recognizing the mixture of genders in all human beings"。对于"mixture of genders"存在几种不同理解，其中一种为"混合性别"，此种理论认为人类的性别不只有男和女，还有其他的类型。但是本文中此处主要突出性别（genders）的混杂特性（mixture）。考虑到温尼科特的学术观点，这里"性别混杂性"应该是指男性会拥有女性的特质，女性也有男性的特质，或者更进一步，父亲会具有母亲的功能，母亲也有父亲的功能。——译者注

点。与此同时，他越来越强调"母亲"是一个角色，而不仅仅是一个生物类别，真正的母亲是两种性别兼具的，因为分析师们虽然在生物学上有男有女，但通常扮演类似母亲的角色。）

温尼科特认为，这个阶段通常都会导致严重的情感危机：孩子现在终于明白了，他所爱和拥抱的人，也是他的愤怒和攻击性所指向的人。从这一点来说，"关心的能力"出现了，因为真正的道德感是通过孩子对母亲的爱以及意识到自己的攻击性会对母亲造成伤害而产生的。在母亲这里，道德和爱一起产生作用，而不是像父亲的要求一样令人生畏。想象力是应对这场危机至关重要的因素：通过对母亲感受的想象，孩子可以发展出丰富的补偿性行为。温尼科特晚年时认为，艺术就是在不断丰富着人与人之间的这种"过渡性空间"，从而以一种间接而原始的方式丰富了道德生活。

在整个发展过程中，至关重要的是，家庭应为儿童提供一个"促进性环境"，使其能够表达自己，包括他的破坏性和恨，而不必担心母亲因此被毁灭。当然，母亲通常会承受住孩子们的恨，并没有被毁灭。但如果母亲过于恐惧或抑郁，或者过于严格地要求自己和孩子的顺从和完美，那么这个发展过程就会出现问题。

IV

在工作中，我们可能也有这些见解，但无法将这些理解应用于临床实践。但温尼科特似乎有着非凡的共情能力以及作为一名分析师的精湛的专业能力。不仅如此，他还具有创造出一种抱持性环境的能力，让不同年龄、不同类型的患者都可以肆意地表达攻击性，而不用担心分析师会因此被摧毁。分析师哈里·冈特里普（Harry Guntrip）在他与温尼科特的分析笔记中写道:"我可以释放我的紧张情绪,发展它们并且放松下来,因为你已内化于我的内心世界中。"

作为儿科医生,无论是对成年人还是对儿童,温尼科特总是愿意跟他们一起玩耍,对当下、对随机发生的事件做出回应,即使他们的做法看起来是再正常不过的,他也会采取非常规的方法来回应他们。有时他坐在地板上;有时他会端上一杯茶;有时他也会牵着来访者的一只手。分析工作有时每天一次,有时甚至长达几个月一次。在"小猪猪"的案例中,一个两岁半的小女孩开始与温尼科特工作,结束时她五岁。分析工作都是在孩子的要求下进行,通常间隔几个月,有时还会有父母的参与。在整个过程中,我们可以看到他对孩子的世界的绝对尊重。在每一个与来访者第一次工作的笔记中,他的第一句话几乎都是:"我已经和坐在桌旁地板上的泰迪熊成了好朋友。"

V

《家庭与儿童成长》收录了温尼科特多年来为社会工作者、助产士、教师和其他与儿童有关的工作者所做的讲座,对他的一些核心思想进行了清晰的通俗化表达,同时也体现了他工作中的真实度和灵活性。每当他纯理论化地工作一段时间后,他就会回到真实的案例中,他将这些案例描绘得生动活泼,充满了对人性的多样性的喜悦。在整个系列中,我们也可以看到他对母亲们的深切尊重,他经常支持母亲对自己孩子的理解,反对机械化的理论分析。

温尼科特偶尔会涉足一些政治思想,在本书中,我们可以清楚地看到他如何将民主的可能性与心理健康的可能性联系起来。为了与其他人一起平等地生活、相互依赖，人们必须超越自身的原始自恋。但是温尼科特强调，社会需要好好考虑如何为培养成熟的人格提供一个"促进性环境"。他坚持认为，最重要的因素是尊重和保护普通家庭。政府应该明白一个事实：通常，家庭比其他任何群体都能更好地抚养自己的孩子。当家庭需要帮助时，社会应该给予帮助；当儿童受到畸形家庭的危害时，社会应该及时干预，但总的来说，温尼科特认为干涉所带来的危险似乎是更大的问题，至少在他有生之年的英国是这样的，因此他反复告诉社会工作者们尽量不要干涉家庭。

从现代的角度来看，温尼科特对家庭的讨论存在着明显的缺陷。他似乎认为，母亲们都可以和孩子待在家里，并且都愿意这样做——他忽视了女性对政治和在工作场所平等工作的渴望，以及贫困家庭的经济窘迫。如果加上这两个问题，他将不得不重新思考父亲的角色：试问，是否只有母亲被期待对婴儿有必要的奉献？如果是这样的话，父亲和企业老板该如何更好地支持女性承担起这一养育者的角色呢？当然，如果老板能慷慨地提供产假，父亲能在母亲全身心投入照顾婴儿时承担更多的非育儿家务，这将是一个很好的开始。然而，考虑到性别角色的流动性，温尼科特可能会得出这样的结论：父母双方可以分工，以承担对婴儿的贡献以及所需要的工作。

至于经济问题，温尼科特似乎（出人意料地）不关心纯粹的经济匮乏是如何削弱对孩子的抚养能力的。当谈到受伤的儿童时，他通常想到的是父母去世、失踪或患有精神障碍的儿童。但是，如果父母们不得不在单调乏味的工作中长时间工作，几乎没有精神和身体上的自由，那他们该如何给孩子良好的照料呢？英国需要面对这个问题，而如果温尼科特施展自己的影响，可能会促使政府更快、更好地处理它。

然而，温尼科特认为在社会工作者群体面前谈论这个话题并无益处。如果被告知家庭问题的真正根源是政策导向和财政再分配的宏观问题,他们可能会对自己的工作感到失望。温尼科特一直很清楚自己在跟谁说话,而且他总是把注意力集中在谈话的实际目的和直接效果上。作为公民和家庭成员,读者可以发挥自身的政治才能,根据温尼科特提供的如此有价值的思想框架,好好思考这些未被论及的问题。

自序

这本书收集了我过去十年发表的论文,它们大部分是面向社会工作者撰写的。本书的中心主题是家庭,以及从家庭这个第一自然群体延展出来的社会群体的发展。我曾多次论述儿童的个体情感发展理论,并认为,家庭结构在很大程度上受到个体人格组织倾向[①]的影响。

当发展中的孩子与社会力量相遇时,家庭的影响力就清晰呈现出来了:孩子与其他人互动的原型都可以在最初的母婴关系中找到。母婴关系中,母亲(及她所代表的世界)以极其复杂的方式帮助或阻碍婴儿天然的成长。尽管本书中每一篇论文都以不同的主题说明婴儿在不同状态下的发展需求,但这一系列主题仍是在母婴关系的理论中发展出来的。

D.W.温尼科特

---

① "个体人格组织倾向"指的是每个个体都具有一个较稳定的人格特征,这种特征会呈现某个方面的偏向性,比如我们所熟悉的,有的人偏内向,有的人偏外向。内外向是人格组织倾向的维度之一,但不是唯一的维度。——译者注

目 录

从依赖到独立

第一章 生命的第一年

——情感发展的现代观点 / 3

第二章 最初始的母婴关系 / 17

第三章 不成熟阶段的成长和发展 / 24

第四章 安全感 / 35

第五章 孩子五岁时 / 40

二 促进与阻碍

第六章　家庭生活中的整合性因素和破坏性因素　/ 51

第七章　父母有抑郁症的家庭　/ 63

第八章　精神障碍对家庭生活的影响　/ 77

第九章　有精神病障碍的父母对儿童情感发展的影响　/ 88

第十章　青春期　/ 101

第十一章　家庭和个体情感成熟　/ 113

三 个案工作典型案例

第十二章　儿童精神病学理论　/ 125

第十三章　精神分析对产科的贡献　/ 136

第十四章　给父母的建议　/ 146

第十五章　患精神疾病儿童的个案工作　/ 156

四

学校与社会帮助

第十六章　被剥夺儿童如何补偿失去的家庭生活 / 173

第十七章　学龄阶段的团体影响和环境适应不良的儿童 / 191

第十八章　民主在心理学上的含义 / 203

每一章的原始资料 / 222

温尼科特的著作 / 224

从依赖到独立

第一章 生命的第一年——情感发展的现代观点

引言

在婴儿出生的第一年里会发生很多事情。刚一出生,婴儿的情感发展就开始了。一项人格与性格发展的研究表明,婴儿降生之初的几个小时、几天所发生的事情是不可忽视的(甚至包括妊娠后期,胎儿已发育成熟的阶段);实际上,婴儿所经历的分娩过程也很重要。

尽管我们对这些问题一无所知,但世界仍在正常运转,婴儿仍然正常成长,这仅仅是因为母亲拥有某种特质,使她特别适合保护处于脆弱阶段的婴儿,并能够为婴儿的需求做出积极回应。如果母亲觉得安全,在与伴侣和家人的关系中感受到被爱,也感受到自己被家庭之外的社交圈所接受,她就可以扮演好母亲这个角色。

如果我们愿意,可以继续把照顾婴儿的任务留给母亲。她对婴儿的照料能力并非取决于她的育儿知识,而是来自一种情感态度,这种情感态度随着母亲怀孕的进程不断增加,也将随着婴儿离开母体而逐渐丧失。不过,对婴儿早期人格发展的研究会让我们在整个过程中受益。比如,作为医生和护士,我们可能需要干预婴儿与母亲的关系,以应对婴儿身体出现的各种状况,但我们应该知道我们在干预什么。此外,过去的五十年里对婴儿生理方面的研究已经取得了巨大的成果,如果我们愿意投入,对婴儿情感发展的类似研究或许能取得更大的成果。还有第三个原因是,由于社会、家庭或个人疾病的原因,一部分父母不能为婴儿提供足够好的条件，于是医生和护士就被期望能够了解、处理甚至预防这些情况的发生，就像他们在处理身体疾病时所表现出来的高超能力一样。儿科医生越来越需要关注到婴儿的情感发展，就像他们现在关注婴儿成长地图中的生理发展一样。

研究婴儿早期情绪发育还有第四个原因：在婴儿时期，即使是出生后的第一年，通常就可以发现和诊断情绪障碍。很显然，这类疾病的最佳治疗时间就是在疾病最开始的时候，越早越好。但在这里，我并不准备深入讨论这个主题。

我也不在这里讨论身体异常或生理不健康的情况，也不考虑遗传因素对智力发育的影响。接下来的讨论里，我假设婴儿身体健康，心理也有健康发育的潜力。我想讨论的正是这种潜力：出生时，这些潜力是什么？它们中的哪些部分会在一年后由潜力变成现实？我也假设婴儿的照料者是一位健康的、足以自然而然承担起母亲角色的母亲。由于婴儿的极度情感依赖，我们讨论婴儿的成长发展离不开对婴儿的日常照料。

我在下面列出一系列的主题，每一部分都会做简明扼要的阐述。我的这些观察结果也许会向那些关心婴儿、照料婴儿的人表明这样一个事实：出生后第一年的情感发展是人类个体心理健康的基础。

先天发展趋势

心理发展有一种与生俱来的发展趋势，它与身体的生长和功能的逐步发展相适应。身体成长比较明显：婴儿通常在五个月或六个月左右就会坐，在一岁左右学习走路，同时在这个时候也会使用两个或三个词。情感发展也有同样的进化过程，然而，除非有足够好的条件，否则我们很难看到情感自然而然的成长过程，而我们的部分困难就在于如何描述这种"足够好"的条件。在接下来的内容中，我们自动认为个体行为的发育过程符合神经生理学基础。

依赖

在生命的第一年，人们注意到婴儿的显著变化都是趋向独立。独立通过依赖而获得，但有必要补充的是，依赖是通过双重依赖而获得的：在生命的最初阶段，婴儿对身体和情感环境有绝对的依赖。最开始，婴儿意识不到这种依赖，因此这种依赖是绝对的。渐渐地，婴儿开始在某种程度上认识到这种依赖，此时婴儿就获得了让环境知道自己何时需要关注的能力。

我们在临床发现，婴儿走向独立是一个非常缓慢的过程，这个过程中，依赖或双重依赖总是会反复出现。母亲总是能够让自己适应并满足婴儿在各个方面不断变化和增长的需求。到一岁时，婴儿能够对母亲形成清晰的印象，以及对自己所习惯的母亲的照料方式形成相对完整的印象，并能将这些印象维持一段时间，可能是十分钟，可能是一小时，也可能更长。

然而第一年的情况极其多变，不仅不同的婴儿之间存在巨大差异，同一个婴儿身上也会有无数变化。一定程度的独立性时而丧失，时而恢复。正常的一岁婴儿在有了明显独立性之后，往往又会多次退回到依赖的状态。

这段从双重依赖到依赖再从依赖到独立的旅程，是婴儿成长天然路径，然而，除非有人非常敏锐地适应并满足婴儿发展的需求，否则这种成长发展就不会发生。婴儿的母亲恰好比其他人更擅长完成这项最精妙、最持久的任务，母亲比任何人都适合，因为她是最有可能自然不含怨恨地为婴儿全身心投入的人。

整合

从观察者的角度,一开始就可能将婴儿看成一个完整的人。大多数一岁的婴儿已经是一个独立个体的状态了,换句话说,人格已经变得完整了。当然,这不是绝对意义上的,但在某些时刻、某些关系中,一岁的婴儿已经是一个完整的人了。但是我们知道,这种整合并不是一件必然发生的事,这不仅仅是一个神经生理学的问题。人格整合的发生必须具备一定的环境条件,这些条件最好由婴儿的母亲来提供。

整合是从最初的未整合状态中逐渐表现出来。一开始,婴儿的感受是由许多运动过程和感知觉过程组成的。可以肯定的是,休息对婴儿来说就意味着回到未整合的状态。因为有母亲带给婴儿的安全感,婴儿在未整合状态也不会害怕。有时候,安全仅仅意味着被抱持。母亲或环境通过身体或者其他的巧妙方式抱持着婴儿,未整合与重新整合的过程伴随发生,因此婴儿并不会产生焦虑。

整合似乎与更明确的情感或情感体验有关,比如愤怒或喂养时的兴奋。渐渐地,随着整合成为一个既定的事实,婴儿也越来越整合为一个整体。但在有些情况下,已经获得了的整合会消失或失去,成为整合丧失的状态,整合丧失是痛苦的,它不是未整合的状态。

不同的婴儿在第一年发生的整合程度各不相同:一部分婴儿在此年龄已经拥有了强大的人格,拥有了一个具有鲜明人格特征的自我;也有一部分婴儿则处于另一端,他们在一岁时还没有形成明确的人格,仍然非常依赖于持续的照料。

个性化

一岁的婴儿坚强地活在身体内,心灵与躯体已经彼此融合,相互妥协。神经学家会说,婴儿的身体张力和状态是令人满意的,并会描述婴儿的协调性很好。这种心灵和躯体彼此紧密相联的状态是从初始阶段发展而来的，初始阶段中，不成熟的心灵还没有和身体紧密联结（尽管生命以身体的功能为基础）。当婴儿的需求得到合理的适应时，这就为心灵和躯体之间建立牢固的关系提供了最好的机会。如果出现适应失败，那么心灵就会倾向于发展成和身体体验保持松散联结的状态，其结果就是身体的体验并不能被心灵完全、充分地感受到。

即使在健康状况下，一岁的婴儿也只在某些特定的时刻牢牢地扎根在自己的身体内。正常婴儿的心灵有时也会与身体失去联系，而且在某些境况下婴儿不容易迅速回到身体内，比如，当从深度睡眠中醒来时。母亲们知道这一点，所以她们会在抱起婴儿之前逐渐叫醒婴儿，以免婴儿在心灵和身体失去联系的情况下因为身体位置的改变而引起巨大的恐慌，被惊吓而尖叫。在临床上这种情况可能有几种症状：婴儿可能会面色苍白，有时会出汗，也可能会很冷，并且有呕吐。这个时候母亲会觉得孩子快死了，但是当医生到来的时候，婴儿可能已经恢复了正常的健康状态，因而医生很难理解母亲为何如此惊慌失措。自然，全科医生会比咨询师更了解这类症状。

心智与心身

一岁的婴儿已经相当清晰地呈现出心智萌芽的状态。心智的意思与心灵截然不同。心灵与躯体和身体机能相关，而心智则依赖于大脑的存在和功能，它们比原始心灵发育更晚（在系统发育中，心灵与心智有不同的发育时间）。心智的发育使得婴儿逐渐能够等待喂养，因为会有声音示意喂养即将开始。这是婴儿运用心智的一个简单例子。

所以从一开始，母亲就必须尽量完全地适应婴儿的需要，以使婴儿的人格发展不被扭曲。然而，母亲在适应过程中总会存在失败，而且会越来越失败，这是因为婴儿在心智和智力发育过程中能够理解并允许这种适应失败。通过这种方式，婴儿的心智与母亲结盟，并接管母亲的部分陪伴功能。在照顾婴儿的过程中，母亲也依赖于婴儿的心智发展，这些发展使她可以逐渐重新获得自己的生活。

当然，心智的发展还有其他方式。将事件储存记忆并进行分类就是心智的一种功能。因为有了心智，婴儿能够利用时间作为计量单位来测量空间。心智也将事情的因果建立起联系。

比较心智与心灵的相关因素是很有启发性的，这样的研究可能会揭示这两种现象之间的差异，这两种现象经常被相互混淆。

很明显，在促进母亲管理方面，不同婴儿的心智能力有着很大的差异。大多数母亲能够适应不同婴儿的良好或不够良好的心智能力，调整自己的步调尽量与婴儿发展相一致。然而，对于一个行动迅速的母亲来说，如果她的孩子恰好智力有限，她就很容易与之格格不入；同样，动作快的孩子也容易与动作慢的母亲脱节。

到了一定年龄，孩子就能考虑到母亲的性格特点，从而相对独立地适应她无法满足婴儿的情形，但在一岁之前，婴儿很难有这样的心智水平。

幻想与想象

幻想是人类婴儿的特质，可以认为幻想是对身体功能的想象加工。幻想很快会变得无限复杂，但在开始时幻想可能是简单有限的。我们无法直接观察婴儿的幻想，但所有类型的游戏都能表明婴儿幻想的存在。

我们可以通过人为的分类来追溯幻想的发展轨迹：

（1）功能的简单加工。

（2）从纯粹的假想中分离，成为预期、经验和记忆。

（3）根据对经历的记忆去体验。

（4）把幻想定位在自我的内部或外部，相互交换，不断丰富。

（5）建立个体的内在世界，对存在的事物和发生的事情负责。

（6）将意识从潜意识中分离出来。潜意识包括心灵的某些非常原始、永远不会变成有意识的部分，也包括心灵或心智功能中为抵抗焦虑而无法靠近的部分（被称为被压抑的潜意识内容）。

在生命最初的一年里，幻想会有巨大的发展。要记住：尽管这种发展（就像所有其他发展一样）是天然生命力的一部分，但仍会存在发育不良或发展扭曲的可能，除非能充分满足它们的发展条件，这些条件的特征是可以被研究、被描述出来的。

个人（内在）的现实

第一年结束时，婴儿的内在世界已经有了一个明确的组织结构。其中的积极因素来源于个人经验的模式，尤其是本能经验的模式，但最终还是基于个体天生的遗传特征（在早期已经出现）。婴儿的内在世界是根据一些复杂的机制被组织起来的，这些机制的目的是：

（1）保留"好"的感受——也就是说，对自身（自我）来说是可以接受和会被加强的；

（2）隔离"坏"的感受——远离那些不可接受的、受迫害的，或从外部现实中注入而不被接受的（创伤）；

（3）在个人的心理现实中保留一个区域，与这个区域中的客体保持活生生的相互关系，这种关系可能令人兴奋，甚至具有攻击性，但情感浓烈，充满生机。

第一年结束的时候，婴儿甚至已经开始建立次级防御，以此来应对原始组织的崩溃，比如，所有内心活动的低沉与低落，临床表现为情绪低落；或将内心世界的元素大量投射到外部现实中，临床表现为对世界带有偏执的态度。后者在临床上常常表现为挑食——例如，拒绝浮有奶皮的牛奶。

婴儿对外部世界的认知很大程度上是基于个体的内在现实，应该注意的是，环境对婴儿的实际反馈行为在一定程度上受到婴儿的积极和消极预期的影响。

本能生活

起初，婴儿的本能生活是以营养吸收为基础的。最开始是手和嘴的兴趣占优势，但渐渐地排泄功能也开始起作用。在一定的年龄，也许是五个月大时，婴儿开始能够将排泄与进食联系起来，将粪便和尿液与口的摄入联系起来，随之而来的是个人内在世界的出现，所以它最初局限在腹部。从这个简单的模式开始，这种心身体验会逐步扩展到全身的躯体功能。

在占主导地位的事物里，呼吸被注意到了。它与摄入有关，也与排出有关。呼吸的一个重要特征是，除了在哭的时候，呼吸都表现出内在和外在的连续性。对于婴儿来说，哭也意味着防御失败。

所有的功能都带有高潮的特质，因为它们各自以自己的方式包含一个局部兴奋的准备阶段，一个全身参与的高潮，以及一段余波。

肛门功能变得越来越重要，以至于它后来超越了口腔功能的重要性。排泄器官的高潮通常是排泄的高潮，但在某些情况下，肛门也可能成为一个接受的器官，并被赋予口腔的功能和摄入的任务。自然，对肛门的控制也增加了这种复杂性。

不论是男婴还是女婴，尿液排出都容易产生性快感，并相应地产生兴奋感和满足感。然而，这种满足在很大程度上取决于正确的时机。婴儿期的如厕训练会剥夺排泄所产生的身体满足感，过早开始如厕训练的后果是灾难性的。

在一岁以前，生殖器兴奋不是最重要的本能。虽然男孩可能会勃起，女孩也可能会有阴道活动，但这两者主要都与喂食兴奋或进食欲望有关。阴道活动容易刺激到对肛门的控制。一岁以内，女婴不会嫉妒男婴的生殖器。男婴的生殖器（与女婴相比）在平时很明显，在勃起时更明显。在接下来的一两年里，这种外形差异往往引发夸耀和嫉妒（两岁至五岁之内，生殖功能和幻想不会动摇摄入和排泄功能的重要地位）。

在最初的一年里，婴儿以直觉来承载快速成长的、与客体联系的能力，这种能力在两个完整的人——婴儿和母亲——相互的爱中达到顶峰。三角关系因其特殊的丰富性和复杂性，在一岁之后才成为婴儿生活中的一个新因素，但要到孩子蹒跚学步的年龄，生殖器的重要性超过消化本能及其幻想时，三角关系才达到完整状态。

在本书中，读者很容易认出弗洛伊德的婴儿性欲理论，这是精神分析对理解婴儿情感生活所做的第一个贡献。婴儿时期的性欲理论曾激起公众在情感上的巨大波澜，但现在人们普遍认为，这一理论是正常婴儿心理学的中心主题，也是神经症根源研究的中心主题。

客体关系

有时，一岁的婴儿会以完整的人的身份和其他完整的人发生关系。这是一种成就，需要足够好的条件才能发展起来，成为事实。

婴儿早期的状态是与部分客体（而不是完整的客体）产生关系——比如，婴儿与乳房的关系。母亲这时作为整体并不被重视，尽管婴儿可能在某些情感浓烈的时刻"知道"母亲。经过一个逐渐融合的过程，婴儿的人格才能成为一个整体，然后婴儿才能够感觉到部分客体（乳房等）是一个完整的客体（人）的一部分，而这方面的发展也会带来特定的焦虑。这些内容将在后面章节"关心的能力"中提及。

随着对客体整体性的认识，依赖感也开始出现，因此产生了独立的需要。对母亲可靠性的感知使婴儿产生可靠的品质成为可能。

在婴儿作为一个整体进行活动之前的早期阶段，客体关系具有部分与部分联合的性质。自我发展为整体的任何一个阶段，都存在着极大的可变性，这是自体用来体验和保留体验记忆的载体。

自发性

本能的冲动会产生（创造）一种状态，这种状态要么是本能冲动得到了满足，要么是没有得到满足，从而在心灵上产生不满或导致躯体上的弥散性的不适。不过，本能的冲动总会在一个时间点得到满足，达到与实际经验相匹配的高潮①。满足感对婴儿的第一年是非常重要的，每个婴儿都只能逐渐地学会等待。这里，我们要思考的是：婴儿应该放弃自发性，转而服从那些照料者的安排吗？我们意识不到，有时我们对婴儿的要求甚至超出了我们自己能做到的范畴。

因此，婴儿的自发性受到两种因素的威胁：

（1）母亲希望自己从母性的束缚中解脱出来，而这可能让母亲产生一个错误的想法，即为了让婴儿成为"好"孩子，她必须尽早训练婴儿；

（2）通过婴儿内在的复杂机制建立一个超我，制约婴儿内部自发性的发展。

正是这种内部制约机制的发展形成了道德感唯一的真实基础，而

---

① 比如饥饿冲动产生之后，就算没有被马上满足，也终究会在某个喂食的时间点得到满足。——编者注

它从生命的第一年就开始了。这种内部制约机制开始于对报复的原始恐惧，作为对婴儿本能的抑制而持续存在（并使其逐渐成为一个有爱心的人）；道德感保护爱的对象不受原始爱欲全面爆发的伤害，原始爱欲是无情冷酷的，只以满足本能的冲动为目标。

起初，自我控制的机制就像冲动本身一样原始而粗糙，母亲的严厉可以让孩子变得克制残忍，更人性化；母亲可以被反抗，但对内心冲动的抑制因此而变得完整。母亲的严厉有一种意想不到的意义，它可以温和而渐进地产生顺从，并将婴儿从激烈而艰难的自我控制中拯救出来。如果外部的环境持续良好，对婴儿的成长有利，通过这种自然的发展，婴儿会建立起一种"人性的"内在的约束感，既能逐渐做到自我控制，又不失去让生命有意义的自发性。

创造能力

具有自发性的主体会自然而然地产生创造性冲动，这是孩子生命力的证明（也是唯一的证明）。

内在的创造冲动会逐渐枯萎，除非它被外部现实（"现实化"）所满足。每个婴儿都必须重新创造世界，但是只有当世界一点一点地在婴儿有创造性活动的时刻到来时，创造才有可能实现。婴儿伸出手，乳房就在那里，乳房就这样形成了。这一过程的成功取决于母亲对婴儿需求做出回应的敏感程度，尤其是在刚开始时。婴儿创造一个完整的外部现实世界有一个自然的进程，并且是持续地创造。在婴儿的生命进程中，首先需要一个观众，当然最终婴儿会创造出观众；随后，在婴儿早期阶段，未被满足的需求所产生的痛苦出现了；同时，母亲（在这个阶段）拥有了在适当时候提供现实示范的能力。母亲之所以能做到这一点，是因为她暂时对自己的婴儿达到了极致认同。

活动性——攻击性

活动性是胎儿活着的特征之一，早产儿在保温箱里的动作大致可以反映出胎儿在子宫里的情况。活动性是攻击性的前身，这个词的含义随着婴儿的成长而发展。攻击性的一个特殊例子表现为手的抓握和嘴的咀嚼活动，咀嚼会在之后发展为咬。

健康状态下，大部分的攻击性潜能会与婴儿的本能体验和个体婴儿的关系模式融合在一起，需要足够好的环境为发展提供条件。

不健康的情况下，只有一小部分攻击性潜能可以与性欲融合在一起，然后婴儿需要背负许多毫无意义的冲动。这些浪费最终导致婴儿个体与客体之间关系的毁灭，或者，更糟糕的是，会形成完全无意义的活动的基础，例如，抽搐或痉挛。这种未融合的攻击性会以期望或攻击的形式出现。这是病理性情感发展的一种方式，从很早阶段开始就很明显，最终表现为精神障碍。显然，这种障碍具有偏执的特征。

攻击性的潜力是非常多变的，因为它不仅取决于先天因素，还取决于后天环境中灾难性情境出现的概率。比如，某些类型的难产会深刻地影响刚出生婴儿的状态；即使是正常出生，也可能会有一些对婴儿不成熟心理造成创伤的特征，此时婴儿除了做出本能反应之外，完全不知道其他的防御方式，他没有决定自己生存的权利。

关心的能力

在正常婴儿一岁半之后的某个时候，似乎有证据表明他们有关心的能力，或有感受罪恶感或内疚感的能力。这是一个非常复杂的事情，它依赖于婴儿的人格整合成一个整体，并且依赖于婴儿能够承担属于本能的全部幻想的责任。实现这一复杂的成就，母亲（或她的替代者）的持续存在是一个必要的先决条件，并且母亲的态度还必须包含这样的元素，即准备好看到并接受婴儿所做出的不成熟的努力，也就是说，拥有修复和有建设性地爱的能力。

梅兰妮·克莱因（Melanie Klein）对情感发展的这一重要阶段进行了详细的研究，她拓展了精神分析的（弗洛伊德学说的）理论，涵盖了个人愧疚感的起源、以建设性行动和给予的冲动。这样来说，潜能（以及运用潜能的能力）的根源之一就是发生在一周岁以前（或之后）的情感发展阶段。

所有物

在一岁的时候，婴儿通常已经获得了几件柔软的物品——泰迪熊、布娃娃等，这对他们来说是很重要的（一些男孩可能更喜欢坚硬的物品）。显然，这些物品代表部分客体，尤其是乳房，渐渐地，它们才开始代表婴儿和父亲或母亲。

观察婴儿使用第一个被接受的物品非常有趣，它可能是一条毯子，一块餐巾，或一条丝巾。这个物品会变得至关重要，它具有作为自我和外部世界之间的中间对象的价值（我称之为"过渡性客体"）。通常情况下，我们可以看到孩子抱着它入睡，同时吮吸手指或拇指，可能还会轻抚上唇或鼻子。这种模式对婴儿来说是私人化的，会出现在婴儿入睡前，或孤独、悲伤、焦虑时，并且可能持续到童年晚期甚至成年之后。这都是正常情感发展的一部分。

这种现象（我称之为过渡性现象）构成了后来成年人整个文化生活的基础。

婴儿期严重的剥夺可能会导致个体丧失使用这种曾熟悉且效果良好的技术的能力，导致烦躁不安和失眠。显然，口中含着的大拇指和手中抱着的布娃娃同时象征着自体的一部分和环境的一部分。

观察和研究带着情感的行为的起源，这是非常重要的（如果没有其他原因），因为失去情感投注的能力是年龄较大的"被剥夺儿童"的一个特征,他们在临床上表现出反社会的倾向,日后可能会违法犯罪。

爱

随着婴儿的成长,"爱"这个词的意义会发生变化,或者说,这个词的意义本身会增添新的元素:

(1)爱意味着生存,呼吸,活着,被爱。

(2)爱意味着食欲。这里没有关心,只有需要的满足。

(3)爱意味着与母亲深情的接触。

(4)(对婴儿而言)爱意味着本能体验的客体与完整母亲的深情抚触的结合;"给予"开始与"索取、摄入"相关,等等。

(5)爱意味着表明对母亲的所有权,强迫性的贪婪,强迫母亲对她应该负责的剥夺进行弥补(哪怕这些剥夺是不可避免的)。

(6)爱意味着像母亲照顾婴儿一样照顾母亲(或替代性客体)——这是成年人责任感的预习。

结论

这些发展(以及许多其他发展)可以在婴儿一岁时被看到,尽管孩子在一岁生日时似乎什么能力都不具备。另外,在那一天之后,所有这些发展也可能由于环境恶化或者情感成熟所产生的焦虑而失去。

当儿科医生试图掌握婴儿的心理时,他可能会感到震惊。然而,他不必绝望,因为通常情况下他可以把一切都留给婴儿、母亲和父亲。但如果儿科医生一定要干预母婴关系,那么至少他要知道自己在做什么,以此来避免一切可以避免的干扰。

[1958]

第二章　最初始的母婴关系

哺乳中的母子

在研究母婴关系时，有必要把属于母亲的部分和开始在婴儿身上发展的部分区分开。这涉及两种不同的认同：母亲对婴儿的认同，以及婴儿对母亲的认同。母亲给婴儿的发展提供了条件，而婴儿则处在发展的状态里，事情就是这样开始的。

我们注意到，妈妈对婴儿的认同感极强。婴儿会联想到母亲里面的"内在客体"，设想在里面设置和维护一个客体，尽管也存在着各种迫害因素。在无意识的幻想中，婴儿对母亲还有其他的意义，但最主要的特征可能是母亲愿意，也有能力将关注点从自己身上转移到婴儿身上。我把母亲这种天赋称为"原始母爱灌注"。

在我看来，这就是赋予母亲特殊能力去做正确的事情的原因。她知道孩子的感受，并且除她以外没有其他人知道。医生和护士可能知道很多心理学知识，当然他们也知道所有关于身体健康和疾病的知识。但他们不知道婴儿每时每刻的感受是什么样子的，因为他们的经验不在这一领域。

有两种母性障碍会影响这个天赋。一种是母亲太过注重自己的利益而不能放弃，因此不能投入这种近乎病态的特殊状态里，尽管这种状态其实是健康的标志；另一种是母亲在任何情况下都过度关注婴儿，婴儿成了她病态的过度关注的对象。这样的母亲可以把自己的自体都借给她的孩子,但这种情形下最终会发生什么呢?

母亲进入到"原始母爱灌注"状态,将自己全身心地投入给婴儿,持续一段时间后,会逐渐恢复关注自己的利益,并且以婴儿允许的速度恢复,这才是正常过程。第二种情况下病态的母亲不仅对自己的孩子持续认同得太久,而且还可能突然从对孩子的过度关注转变到对自己以前过度关注的对象上去。

正常的母亲从对婴儿的过度关注中恢复过来,会有一种断奶的感觉。第一种病态的母亲不能给她的婴儿断奶,是因为她的婴儿从未拥有过她,所以断奶是没有意义的;第二种病态的母亲不能断奶,或者会突然断奶,却不考虑婴儿断奶的需要是逐渐发展出来的。

在对儿童的治疗工作中,我们可以找到所有这些事情的相似之处。我们照顾的孩子,只要他们有治疗的需要,就会经历一个阶段,他们会回到过去,重新体验(或第一次和我们一起体验)他们过去不满意的早期关系。我们能够认同他们,就像母亲认同她自己和她的婴儿一样,虽然是暂时的,但却是完全的、全身心投入的认同。

当这种事情发生在父母身上时,我们还能在安全的范畴内思考。然而,当我们想到母性本能时,我们就陷入了理论的泥沼,迷失在人类和动物的混乱中。事实上,大多数动物都能很好地完成早期的母性行为,在进化过程的早期阶段,反射和简单的本能反应就足够了。但无论如何,人类母亲和婴儿具有的都是人类的品质,这些品质必须得到尊重。他们也有反射能力和原始本能,但我们无法用人类与动物共有的东西令人满意地来描述人类。

有一点很重要,也很明显:当母亲处于我所描述的"原始母爱灌注"状态时,她是非常脆弱的。这一点有时会被忽略。因为事实上,在母亲周围的供给可能是由她的丈夫组织好的。这些次要的现象可以在怀孕期间自然发生，就像母亲在婴儿周围的特殊状态一样。只有当自然的保护力量崩溃时，人们才会注意到母亲是多么脆弱。

这里我们要讨论的是一个大的主题，它与被称为产褥期精神障碍（也被称为产后抑郁症）的问题相结合，这是女性易患的疾病。对于这些女性来说，不仅很难发展出原始的母爱灌注，而且从这种状态回到正常的生活和正常的自我时，也可能会产生障碍或困难。这种疾病在某种程度上与环境中保护性力量的缺失有关，这种保护性力量的缺失也可能让母亲在全神贯注时，对外界的危险视而不见。

婴儿对母亲的认同

在测试婴儿的认同状态时，我考虑到的是整个婴儿期的婴儿，新生儿、几周大和几个月大的婴儿。六个月大的婴儿则开始脱离我所考虑的阶段。

这个问题如此微妙和复杂，除非假定考虑范围内的婴儿都有一个足够好的母亲，否则就不能指望在我们的思考中取得任何进展。必须拥有一个足够好的母亲，婴儿才会开始一段个人的、真正的发展过程。如果母爱不够充分，那么婴儿就需要自己直接应对外界冲击，并出现一系列反应，这样一来婴儿的真实自我就无法形成，或者只能隐藏在虚假自我的后面，而虚假自我会以顺从来避让外界的冲击。

我们的讨论将避开这种复杂情况，观察那些有一个足够好的母亲的婴儿，并且以此为真正的起点。对于这类婴儿，我想说：他们的自我既是脆弱的，也是强大的。一切都取决于母亲给予自我支持的能力。母亲的自我与婴儿的自我相互协调，只有母亲能以我之前描述过的方式恰当定位到她的婴儿时，她才能给予支持。

当一对母子有着良好的关系时，婴儿的自我就会非常强，因为婴儿的自我在各个方面都得到了支持。婴儿强壮的自我所产生的自我意识很早就能够组织防御,发展出具有个人特色的心理运作模式,并因遗传特质变得丰富多彩。

这种既弱又强的对自我的描述,也适用于病人(儿童或成人)在治疗中退行和依赖的状态。然而,我的目的是描述婴儿。这类自我强壮的婴儿,正是因为母亲的自我支持,使得他们早早地成了真正的自己。如果母亲的自我支持是缺失的,或者是微弱的,或者是断断续续的,婴儿就不能沿着个人的轨迹持续发展,就像我曾说过的那样,被扭曲的发展更多的是与对环境失败的一系列反应有关,而不是与内在的冲动和遗传因素有关。那些受到良好照顾的婴儿会迅速地建立起自己的人格,每一个婴儿与其他任何一个婴儿都不同。而那些没有得到足够的自我支持的婴儿和形成了病态自我支持的婴儿,他们的行为模式往往是相似的(不安的、多疑的、冷漠的、拘谨的、顺从的)。在治疗性的儿童照料的情境里,第一次成为独立的个人的孩子往往会给你带来意想不到的回报。

如果我们要了解婴儿生活的地方——一个奇怪的地方——在那里还没有什么东西被区分为"非我",所以也没有一个"我"。在这里,婴儿开始于认同。这并不是说婴儿使自己认同母亲,而是说没有母亲,没有自体以外的客体是已知的;甚至这个说法也是错误的,因为还没有自体。可以说,婴儿在这个非常早期的阶段的自体只是潜在的,甚至还没有成为模糊的雏形。这种状态里,婴儿个体与母亲的自体融合在一起。婴儿的自体还没有形成,所以不能说已经被融合了,记忆和期望都有待形成。我们必须记住,它们只发生在婴儿自我意识清晰的时候。

当讨论婴儿的这种状态时,我们必须比通常情况下所考虑的倒退一个阶段。比如,我们了解了"非整合",就更容易理解"整合"。但在这种情况下,我们需要一个类似"未整合"这样的词,以表达我们的意思。与之相类似的，我们了解了"人格解体"，就更容易理解"人格构成"（成为一个人）的过程，理解一个在身体或身体功能与心灵之间建立统一或联系的过程（不论这到底意味着什么）。考虑到早期的成长，我们需要认为婴儿还没有开始出现问题，因为在这个阶段，心灵才刚开始围绕身体功能加工来阐明它自己。

同样，我们了解了客体关系，就更容易理解与客体建立联系的能力的过程。尽管婴儿最终会与我们认为是客体的事物，或者我们称之为部分客体的事物发生联系而体验到满足感，仍有必要考虑客体概念对婴儿有意义之前的状态。

当母亲认同她的婴儿，并愿意在婴儿需要的情况下给予支持时，这些原始的生命发展就开始了。

母性的功能

在上述考量的基础上，我们可以对足够好的母亲的早期功能进行分类。它们可以归结为：

（1）抱持（holding）

（2）照料（handling）

（3）客体呈现（object-presenting）

（1）抱持与母亲对婴儿的认同能力密切相关。只有在经历过被错误地抱持后，才会明白令人满意的抱持是照料的基础。错误的抱持会给婴儿带来极度的痛苦，从而会导致：

崩溃的感觉，

无穷尽的坠落的感觉，

外部现实没有安全感，

以及其他通常被描述为"精神病性的"焦虑。

（2）照料促进了婴儿身心合作关系的形成，恰当的照料形成了"真实"感受的基础，与"不真实"截然相反。不恰当的照料会影响肌肉张力的发育，也被称之为"协调"，也会影响婴儿享受身体功能和体验存在的能力。

（3）客体呈现或实现（使婴儿的创造冲动成为现实）会激发婴儿与客体相联系的能力。不恰当的客体呈现会阻碍婴儿在与现实世界的联系中感觉真实的能力的发展。

简而言之，发展是成熟过程的延续和生活经验的积累；但这种发展只在适应性的环境中出现。首先，这种适应性的环境是孩子发展的一个必备条件，其次，这种适应性环境相对来说也十分重要，并且整个发展的过程可以用绝对依赖、相对依赖和趋向独立来描述。

总结

在这里，我尝试对婴儿在母婴关系中的结束阶段做一个阐述。严格说，我们发现的并不是认同，而是在高度特殊化的条件下由无组织变得有组织，并逐渐从适应性的结构中分离出来的现象。这个过程在子宫中就开始了，并且婴儿从这开始逐渐演变成一个人。但这并不是在试管中可能会发生的事情，即使是大型试管。

我们也目睹了不成熟的哺乳中母子关系的演变，即使我们没有亲眼所见。在这种母婴合作关系中，母亲通过一种认同满足了婴儿最初的未分化状态。没有我所提到的那种"原始母爱灌注"的特殊状态，婴儿就不可能从原始状态中真正呈现出来。缺乏这种特殊状态的最好结果就是发展出一个虚假的自体，从而使真自体得以隐藏起来。

在临床的治疗工作中，我们一次又一次地与病人一起卷入；因为卷入，我们会经历一个脆弱的阶段（就像母亲一样）；我们会与暂时依赖我们到惊人程度的孩子产生共鸣；我们看着孩子摆脱虚假的自体，然后我们看到一个真实的自体开始成型——一个拥有强大自我的真实自体，因为就像母亲和她的婴儿一样，我们能够给予自我支持。如果一切顺利的话，我们会发现一个孩子出现了，这个孩子的自我可以组织防御来对抗属于本我冲动和经验的焦虑。因为我们所做的工作，一个"新"生命诞生了，一个真正能够拥有独立生活的人诞生了。

我想阐述的是，我们在治疗中所做的无非就是去尝试模仿一个自然的过程，任何一个母亲对待自己婴儿的行为特征的过程。如果我是对的，那么一对普通母子就可以教给我们基本的工作原则，当我们治疗早期"不够好"的母亲"或被阻碍的孩子"时，我们的治疗工作可以以此为基础。

[1960]

第三章　不成熟阶段的成长和发展

　　读者们应该知道，我是弗洛伊德学派或精神分析学派的。但这并不意味着我把弗洛伊德说过或写过的一切都视为天经地义的真理，这在任何情况下都是荒谬的。因为直到1939年弗洛伊德去世，他一直都在发展，也就是说在改变他自己的观点（以一种有序的方式，像任何其他科学工作者一样）。

　　事实上，弗洛伊德早期相信的一些事情，在我和许多其他分析家看来实际上是错误的，但这并不重要。重点是弗洛伊德开创了一种研究人类发展问题的科学方法；他打破了人们不愿意公开谈论性，尤其是谈论婴儿和儿童的性行为的传统，接受了这种本能是基础的、值得研究的；他为我们提供了一种可以使用和发展的方法，我们可以从中学习，通过这种方法检验他人的观察结果，并在此基础上做出自己的贡献；他论证了被压抑的无意识和无意识冲突的影响；他坚持要完全承认心灵的真实性（除了公认的现实以外，对个体来说什么是真实的）；他大胆地尝试建立关于心理过程的理论，其中一些已经被普遍接受。

　　我们现今使用的一些理论也由此而生。每一个个体都会有开始、发展和成熟的过程；没有一个成年人的成熟可以脱离开之前的发展。这种发展是极其复杂的，它从出生或更早开始，一直持续到成年期，直到老年。我们不能遗漏任何事情，包括婴儿时期发生的事情，甚至婴儿前期的事情。

在这里，我们应该停下来想一想我们的工作目标了。我们关心的是提供适合婴儿、学步的幼儿或儿童的环境，使每个人逐渐以自己的方式成为在社会中占有一席之地而又不丧失自己个性的环境。我们不希望我们照顾的孩子成为极端的人：要么是社会意识过于强烈，以至于没有了自我意识的人，他们的私人生活并不令人满意；要么是那些忽视自身与社会的关系，或通过反社会或精神错乱来维持自己个人满足感的人。因为我们知道，这两种极端的人都是不快乐的、不幸福的；他们正在遭受痛苦。他们中的一些人只能通过自杀的行为来实现自我表达。在早期的一个或多个阶段，有人曾让他们失望了，或者有什么环境方面的问题，到后来就很难再纠正过来了。

回到小孩子的主题上来。我们给孩子们适当的快乐时光，其目的就是使每个孩子最终成长为被统称为民主①的成年状态。我们要知道，避免让孩子们处于对他们来说太超前的位置多么重要。此外我们也知道，希望通过"教导"而得到民主是徒劳的，"教导"的民主与让个人成长、成熟、成为民主的组成部分是不同的②。

我想在这里提到一些早期的对等物，它们后来在有利的环境下可能成为民主的基础。我没有考虑对大孩子的管理，允许他们参加适合他们年龄的俱乐部和各种机构。然而，在较早的阶段，这种做法的萌芽无疑是允许孩子暂时接管社会职能。我们并不指望小孩子们可以管

---

① 根据温尼科特在本书第十八章"民主在心理学上的含义"中对民主的描述，此处"民主的成年状态"就意味着心理健康、心智成熟的成年人。——编者注
② 这个主题详见本书第十八章，"民主在心理学上的含义"。——作者注
本书所有脚注，除有特别说明之外，均为作者注。

理运营自己的团队,但我们会认为小孩子们可能会想要在某些时刻扮演领导的角色。游戏是严肃认真的,但也是愉快的。

有时,一个姐姐在很小的时候就必须成为一个母亲,肩负着非常重大的责任,我们可以看到这个任务如果执行得好,是如何消耗女孩的自发性和自我权利意识的;这些事情是无法避免的。但通常情况下,任何一个孩子都想在特定的时候成为负责任的那个人。当然,这个想法是在孩子自发产生,而不是我们强加时效果最好。但渐渐地,孩子们能够认同我们,因此能够接受我们一些合理的强加的内容,而不会过多地丧失自我意识和自我权利意识。

儿童绘画的发展过程就是这样:先是乱涂乱画,然后是涂鸦。孩子在涂鸦中的意思是什么,除非他们告诉我们,否则我们不会知道。孩子能从符号中看到任何东西。也许这条线超过了边界,这就相当于尿床,或者是一些真正的捣乱(打翻了茶杯),这对孩子来说是好事,即使对大人来说不方便。然后可能只是一个粗略的圆圈,孩子说是"鸭子"。现在的孩子已经开始表达出超越本能体验的乐趣。这里有一个新的收获,为了这个,孩子愿意放弃一些更直接的本能所带来的快乐。很快——这一切太快了——孩子把腿和胳膊画在圆圈上,眼睛画在里面,我们说这是"矮胖子"。然后大家都笑了,之前直接的表达已经离我们远去,现在绘画开始了。由于所做的事情具有建设性,而且这一点得到了亲近的人的认可,孩子因此发现了一种比言语更好的新的交流方式,所以再一次有了收获。

孩子很快就开始真正意义上的画画了。纸张的大小和形状决定所描绘对象的位置,出现了物体和运动的平衡,以及所有相对比例之间微妙的相互关系。孩子现在暂时是一个艺术家。更重要的是,孩子已经发展出一种能力,在尊重形式和所有其他控制条件的情况下保持自发性。这是民主思想的缩影，但目前为止还很薄弱，因为它取决于那个与正在画画的孩子有关系的人。

之后，这个非常私人化的纽带会被打破，而且必须被打破然后扩散，而在孩子最终成为一个艺术家之前，或者更可能成为一个普通公民之前，他或她必须能够从这个与自己有关系的人的内心得到供给，而从外部来看，这个人早期就表现出丰富的艺术性。

所有这些使我们回到很早之前。就环境而言，越早越意味着更加个人化，也意味着与孩子有个人关系的人需要更加可靠。

慢慢地，当我们再往前追溯，这个人必须能够从孩子的角度来看更可靠。我们都知道，对于小孩子来说，只有使其感受到特定的爱才能使这个人足够可靠。我们爱一个孩子，并保持不间断的关系，这样我们就赢了一半。但如果我们再往前追溯，就必须使用更强烈的措辞。我认为在相对较短的最初几个月里，"奉献"这个词会把我们带到我们需要的地方。我没有使用"聪明""博学""受到良好教育"这样的词，尽管我并不排斥它们。只有一位奉献的母亲（或母亲的替代者）才能满足婴儿的需求。在我看来，一开始需要的是母亲一定程度对婴儿需求的主动适应，除非有一个全身心投入的人在做每一件事，否则无法满足婴儿。很明显，对婴儿自己的母亲来说，这种奉献是天经地义的，即使可以证明婴儿直到几个月大时才知道他们的母亲，我仍然认为我们必须假定母亲对她的婴儿是很了解的。

父母的教育

在这里，我可能会受到批评。读者可能会说："你理所当然地认为母亲都是正常的，你忘记了许多母亲都是神经质的，还有一些几近疯狂。""很多母亲自己也过得很糟糕，她们通过易怒、易激惹或更直接的方式把她们的性挫折传递给了婴儿。""谈论母亲、护士、教师或任何人的行为活动是天生的都很荒谬。他们都得接受教育。"

对这些说法，我并非完全不同意；但我想说的是，当照顾婴儿和儿童的人变得神经质或近乎疯狂时（很多人都是这样），他们是无法被教育的。我们的希望只能寄托在那些或多或少是正常的人身上。在我工作的诊所里，我们经常必须处理异常情况，因此也需要关注异常情况。但在管理正常的母亲和婴儿时，在婴幼儿的教育中，我们必须坚决坚持以正常或健康为导向。健康的母亲可以教给我们很多东西。

我们需要确定，在产前诊所、产房和福利诊所娴熟地照顾母亲的医生和护士是否真的让普通健康的母亲发挥了作用。过去的几年里，情况有了很大的改善。现在的妇产医院里，把婴儿放在母亲身边的摇篮里的情况并不鲜见。我不需要再描绘一幅大家都知道的可怕情景了：婴儿病房里的婴儿在喂食的时候被抱进来，困惑甚至惊恐地紧贴着母亲的乳房。此外，很大程度上得益于鲍尔比（Bowlby）和罗伯逊（Robertson）的工作[①]，现在有一种更大的趋势，就是允许父母探视那些不幸需要住院一段时间的婴幼儿，保持亲子间的联系。

事实上，医生和护士必须认识到他们只是某一方面的专家。对于母亲和婴儿之间情感关系这样的事情（母乳喂养是其中一部分），普通母亲不仅仅是专家，实际上她也是唯一一个知道如何照顾自己宝宝的人。这是有原因的。因为母亲的全身心投入是唯一有效的动力。

当我们将复杂的事情先放在一边，只对幼儿园的孩子做简单分

[①] 约翰·鲍尔比（John Bowlby）所著《产妇护理和心理健康》；马格丽·弗里（Margery Fry）编著《儿童保育与爱的成长》节略版。詹姆斯·罗伯逊（James Robertson）所著《住院儿童》。另请看詹姆斯·罗伯逊的两部电影：《两岁小孩去医院》《和母亲一起去医院》。

类时，我们可以说，任何幼儿园都有两种孩子——所有的学校也都是如此。有些孩子被父母照顾得很好，现在也发展得很好，这些孩子将是获益的孩子，能够表现和处理各种情绪。还有一些孩子的父母照顾孩子并不成功，但我们必须记住，这种失败可能根本不是他们的错。这可能是医生的错，也可能是护士的错；或者可能只是偶然的一个事情——比如，百日咳的严重发作；也可能是自愿前来提供帮助的人反而对孩子有所妨碍。

在适合上幼儿园的年龄，这些孩子需要在最早的几周或几个月里积极适应。他们可能需要来自非亲生父母的其他人的帮助。让孩子适应得太晚的养育方式被称为"溺爱"，溺爱孩子的人要受到批评。此外，由于这种对需求的积极适应来得太晚，孩子往往不能好好地使用这种适应，或者在很长一段时间内非常需要依赖。因此，能够提供这种适应的人可能会发现自己处于一个非常艰难的处境：孩子可能会发展出对他的依赖，而他也不敢轻易打破它。

事实上，所有的学校都应该准备好面对以下三种孩子：

（1）我所描述的第一种孩子，他们能从提供给他们的东西中丰富自己，也可以做出贡献，并因做出贡献而带来的收获丰富自己。

（2）对于那些需要从老师那里得到家庭无法提供的东西的孩子来说，他们需要的是心理治疗而不是教学。

（3）介于以上两种孩子之间的孩子。

有活力的孩子

现在，我想把这个话题彻底反转，从有活力的孩子的发展角度来谈一谈婴儿和儿童。

首先，我想通过区分兴奋状态和非兴奋状态来简化一下问题。兴奋状态显然意味着本能的活动。正如我们所知，每一种身体机能都有想象力的加工，所以会在思想方面产生冲突，包括会对身体产生抑制或产生混乱；在这里，成长不仅意味着随着年龄的增长从一个阶段到另一个阶段，还意味着每种状态在协商达成时，不会失去太多本能基础的感受。然而，正是在这些本能发展的早期阶段，严重的压抑开始削弱许多人的生活。所以，对于蹒跚学步的孩子来说，无论是在身体方面还是在情感方面，环境的稳定性和连续性是多么必要！

虽然动力心理学主要关注这些方面，但我觉得我不需要重申这些观点。弗洛伊德对这些重要现象的解释，现在已经广为人知了，尤其是那些研究儿童心理学的人。

各种本能冲动都是按照自然的进程发展起来的，它们几乎有着撕裂儿童的力量。首先，很自然地，是嘴和整个摄入机制，包括手的抓握，形成了最兴奋时出现的幻想的基础。后来，排泄现象为兴奋的幻想提供了素材，而它们同时也被内化了。随着时间的推移，生殖器兴奋开始出现，并且（可以这么说）主宰了两岁至五岁的小男孩或女孩的生活。

这些不同类型的兴奋冲动和兴奋组织的自然进展通常不是简单清晰的，因为在所有阶段都会出现冲突，即使是最好的照顾也无法改变这一事实。良好的照顾本质上是更好地提供一致的条件，使每个婴儿都能找出自己的独特之处。

当然，兴奋时的冲动也为游戏和梦奠定了基础。游戏时会有一种特殊的兴奋感，当直接的本能需求出现时，游戏就会被破坏。婴儿只能逐渐学会处理这些问题。事实上，所有的成年人都知道，生活的乐趣是如何被身体的兴奋所破坏的，生活技巧的一部分就是寻找方法避免身体过度兴奋，不要很快达到高潮。自然，那些本能生活令人满意的人会比那些在性关系中不得不忍受更多挫败的人来说更容易些。

幸运的是，当孩子们逐渐发现这些困难的事情时，他们可以以各种儿童特有的方式达到令人满意的高潮。比如，食物会有很大帮助，睡眠也可以解决很多问题。排便和排尿可以是非常令人满意的体验，打架或被打也是如此。然而，在儿童时期各种各样的症状，有一种情况是很兴奋（直接的攻击或淋漓尽致的表达等），但就是达不到高潮的状态。有一句话很清楚地反映了这种状况："盛装打扮好却哪里也没去。"这些情况不一定是不正常的。许多人对这些事情很有了解，但他们可能不知道本能经验的一些更间接的结果。我指的是人格的丰富是通过那些满意和不满意的经历共同建立起来的。

在这里，假定存在一个早期的残酷阶段是有帮助的，它可以让人们注意到这样一个事实：最初，伴随着本能经验而来的兴奋而又极具破坏性的想法是毫无愧疚地直接指向母亲的乳房的。然而，处于健康状态的婴儿很快会把二者联系在一起，并能知道，在幻想中受到他们无情攻击的东西，正是他们所喜爱和需要的东西。在此之后，残酷的阶段会让位于关心的阶段。

在一个令人满意的兴奋体验之后，婴儿必须处理两组现象。一个好的事物被攻击、伤害和破坏了，而婴儿的经历因此更丰富；美好的事物已经在内心建立起来了，婴儿必须能够忍受负罪感。随着时间的推移，解决问题的办法就出现了，因为婴儿能够找到补偿的方法：修补，给予回报，把（在幻想中）被偷走的东西归还回去。（读者可以辨认出这是梅兰妮·克莱因的观点。）

因此，我们可以看到，如果婴儿要渡过难关并获得成长，环境必须提供一种特殊的需求（在技术上达到情感发展中的"抑郁位态"）。婴儿必须能够忍受愧疚感，并通过做出补偿来改变这种状况。要确保这种情况能够发生，在婴儿愧疚期间，母亲（或母亲的替代者）就必须活跃地、敏锐地待在那里。简单地说，一个在机构里的婴儿可能会被几个护士照顾得很好，但如果属于早上经历的内疚，在晚上出现了修复它的时机，而此时却换了另一个护士在那里，那么补偿作用就失效了。照顾自己婴儿的母亲则总是会在那里，并或多或少地感觉到这种自发的建设性和修复性冲动。母亲可以等待，当这些冲动来的时候，她就能辨认出。

当一切发展顺利、婴儿不会感到内疚时，负责任的感觉就会被发展出来。罪恶感仍然潜伏着，但只会在补偿失败的时候才会出现。

关于所有这些内疚和补偿，以及婴儿内心隐藏的丰富的焦虑，我们还可以说得更多。如果我们仔细观察，我们会发现婴儿的内心也有可怕的东西，源自婴儿愤怒的冲动。但现在我想把对兴奋状态和兴奋体验的后果的思考放在一边，来讨论其他东西。让我顺便说一句，这一领域的发展障碍与对痛苦冲突的压制有关，会导致各种神经症表征和情绪障碍。然而，如果我们研究的是非兴奋状态的材料，将更接近对精神障碍的研究。我所描述的障碍，在非兴奋状态被发现本质上是精神病性的，而不是神经症性的，精神错乱就是这样形成的。然而，我不是要处理这些障碍；我对它的简单描述，是为了说明它的对立面：婴儿在正常、健康成长过程中所必须完成的任务。

与兴奋无关的发展

如果我们相当人为地回到非兴奋状态，我们会发现什么？首先，我们会发现自体发展的过程中，自我逐渐有了自主性。例如，我们正在研究婴儿人格统一感的发展——一种感觉融合（至少在某些时候）的能力。渐渐地，婴儿也开始觉得自己住在很容易直观看到的身体里。所有这些过程都需要时间，并且照料者对婴儿身体合理而持续的照料与管理，如洗澡、运动等，都对这种融合有很大的帮助。然后还有与外部现实相联系的能力的发展。

每一个婴儿必须完成的任务都是复杂而困难的，因而非常需要一位全情投入的母亲给予关注。客观感知的世界与主观幻想的世界和主观看到的世界都不一样。这对所有人来说都是一个大问题，但通过在一开始的积极适应，母亲将外部现实叠加在婴儿的幻想上。母亲在这方面做得足够好，也足够多，所以婴儿很乐意把这个问题留到以后一个叫作哲学的游戏里来处理。

还有一件事：如果环境表现良好，婴儿就有机会保持存在的连续性的感觉；也许这可以追溯到子宫的第一次扰动。当这种情况存在时，个人就会拥有一种以其他方式无法获得的稳定性。

如果母亲或照料者把外部现实一点一点地介绍给婴儿，并精确地按婴儿或儿童的理解进行分类分级，那么孩子长大后就有能力采取科学的方法对待各种现象，甚至可能把科学的方法引入人类事务的研究中。如果这种情况发生了，而且它也成功了，那么它在某种程度上应该归功于那位奠定了基础的母亲，然后才是慈爱的父母，然后是一系列的监护人和老师，他们中的任何一个人都可能造成混乱，也可能使孩子最终难以形成科学的态度。我们大多数人都不得不把至少一部分人性置于科学探索的领域之外。

科学与人类天性

这里交流的主要问题，是如何拯救婴儿照料中所呈现的真实、善良等人类天性里本来就存在的东西，使之不被科学所消灭。那就只能将科学探索扩展到整个人性领域来实现，我想我们都在朝同一个方向前进。重申一下：我们希望每个人都能以一种可靠的方式找到并建立对自己的认同，随着时间的推移，以个人自己的方式，获得成为社会成员的能力——一个积极的、有创造力的社会成员，没有丧失自己的自主性，也没有失去来自内在的、健康的自由感。

临床结语

这些内容很可能给读者留下困惑：婴儿要经历的事情太多了，而提供各个阶段的环境的父母、保育员和老师的责任是如此之大，我们该如何应对呢？但我们也必须记住，每当我们暂停工作，试图对我们的目标作一些评估时，就像我们现在这样，我们就处于一种人为的情境中了。因此，让我们回到真实中，并以一个小男婴的画面来作结束（也可能是个女孩）。

这个婴儿已经经历了所有常见的事情：吸吮拳头和手指，抓挠自己的肚子或肚脐，拉扯自己的阴茎，抓被子上的羊毛。他大约八个月大，还没有像其他孩子一样喜欢上泰迪熊和洋娃娃。但他找到了一些柔软的东西。他选择了这个东西，最终它会有一个特殊的名字。在未来的几年里，它将会是孩子生活中必不可少的一件事物，最终也会像老兵退役一样，从孩子的世界里消失。这个东西介于所有事物之间，我们知道它可能来自一位年轻的女性。从婴儿的角度来看，他选择了这个东西，这是完美的折中方案。它既不是自体的一部分，也不是世界的一部分，或者它两者都是。它是由婴儿想象出来的，但他不可能生产出来它，它就这么出现了。它的到来使他明白了要想象些什么。它既是主观的，又是客观的。它在内部和外部的边界上。它既是梦中的又是现实的。

我们把这个客体留给婴儿。在婴儿与客体的关系中，在个人心理现实和实际共享现实之间，婴儿可以安然平静。

[1950]

第四章 安全感

每当有人试图陈述婴儿和儿童的基本需求时,我们就会听到"孩子需要的是安全感"这句话。有时我们觉得这是合理的,有时可能也会感到怀疑。有人会问,"安全感"这个词是什么意思?简单地说,安全感是父母给予孩子的被保护的感觉。其实,过度保护的父母会让孩子感到痛苦,就像不可靠的父母会让孩子感到困惑和恐惧一样。虽然父母也可能给孩子太多的安全感,但我们知道孩子确实需要安全感。我们如何恰当处理这个问题呢?

那些能够维持家庭稳定的父母,实际上已经为他们的孩子提供了非常重要的东西——因稳定而具有安全感。当一个家庭破裂时,孩子们自然会受到伤害。但是,如果只是简单地告诉父母孩子需要安全感,父母一定觉得似乎少了点什么。孩子们在安全中会发现一种挑战,一种让他们想证明自己可以突破规则的挑战。过于极端地强调安全感,就可能推演出一个观点——监狱才是一个可以让孩子快乐成长的地方。这是很荒谬的。当然,在任何地方都可以有精神自由,即使是在监狱里。诗人洛夫莱斯(Lovelace)写道:

> 石墙不能禁锢身心,
> 铁栅栏也不是牢笼。

这意味着即使存在被囚禁这一事实,思绪也可以抵达广阔的世界。但是,人们必须在自由的状态下,才能有富于想象力的生活。自由是一个基本要素,它能激发出人们最好的一面。然而,我们必须承认,有些人不能生活在自由中,因为他们既害怕自己,又害怕这个世界。

为了说明白这些观点,我认为我们必须同时考虑到发育中的婴儿、儿童、青少年和成人,并追溯其发展过程,不仅仅是个体的发展的过程,还有他们在发展过程中对环境的需求。当孩子开始享受越来越多的自由时,这显然是健康成长的标志。我们培养孩子的目的是什么?我们希望每个孩子都能逐渐获得安全感,希望在每个孩子的内心建立起一种信念,世界不仅是美好的,而且是可靠并持久的,是受伤后可以恢复的,缺憾和丧失也是被允许的,而且因为缺憾和丧失的存在,美好的事物才更值得珍惜。问题是,这种安全感的建立是如何发生的呢?是什么促成孩子对周围的人和事始终持有这种令人满意的信心呢?又是什么带来了我们称之为自信的品质呢?是先天或个人因素更重要,还是道德教育更重要?身边必须有一个可以学习的例子吗?要产生预期的效果,外部环境的哪些供给是必要的?

我们可以回顾一下一个孩子最终成为一个健康的成年人必须经历的情感发展过程。在这个回顾中,我们可以谈个体的先天因素,以及人因其自身特质而成为人的方式(必然是非常复杂的),然而在这里,我更想谈谈环境的供给、父母所扮演的角色以及社会在这个供给系统中所扮演的角色。

环境是每个孩子成长的基础,没有足够可靠的环境,孩子的个人成长就不可能发生,或者这种成长一定会被扭曲。此外,没有两个孩子是完全相同的,照料者需要个性化地适应每个孩子的需求。这就意味着，任何照顾孩子的人都必须了解这个孩子，必须以与孩子的生活关系为基础，而不是以学习和机械应用某些理论为基础来与孩子互动。通过可靠的呈现和始终如一的自我，照料者为孩子提供的是一种鲜活的、人性化的稳定，而不是僵硬的稳定，这让孩子感到安全。这与孩子的成长有关，在这样的环境里，孩子的天性是可以吸收和复制这些信息的。

为孩子提供安全感时，我们同时要做两件事。一方面，因为我们的帮助，孩子可以安全地不受意外的伤害，免受无数不必要的侵扰，不受那个未知的世界的影响；同时，另一方面，我们保护孩子不受自己的本能冲动和这些冲动可能产生的强烈感受的影响。无须强调的是，很小的婴儿需要被全面照顾，他们完全不能自己生活。婴儿需要被抱着，被移动，被清洁，被喂食，保持适宜的温度，并被保护不受强风和剧烈撞击的影响。婴儿需要他们的欲求得到满足，需要我们为他们的自发性找到意义。

在生命的早期阶段这并没有太大的困难，因为大多数情况下婴儿都有母亲，在一段时间内母亲几乎全情投入地关心着她的婴儿的需要。在这个阶段，婴儿是安全的。如果母亲从一开始就成功地做到了这些，那么孩子的困难就不再是来源于外部世界的冲击，而是源于成长所带来的内在情感的冲突。在最令人满意的情况下，婴儿会得到足够安全的照料，开始形成自己的自我主体。

虽然很快婴儿就能够抵御不安全感了，但在最初的几个星期和几个月里，他们只能用很微弱的力量构建自我，如果得不到支持，当过于巨大的失败或伤害发生时，他们的发展就会变得扭曲。在这个早期阶段婴儿如果体验到了安全感，就会形成一种期望，即让自己免于"失望"。挫折——嗯，是的，这是不可避免的；但是失望——嗯，不会的！

我们关心的问题是，当孩子建立起安全感后会发生什么？我想告诉大家的是，安全感建立之后，随之而来的是一场反抗安全感的长期斗争，这里的安全感是环境为孩子提供的安全感。在最初的保护期过后，母亲不再完全地以婴儿为中心了，而是逐渐地恢复自己的世界，而这个阶段的孩子会抓住每一个新的机会去自由表达和冲动行事。这场反对安全和控制的战争贯穿整个童年。然而，与此同时，基本的控制仍然是必需的。尽管家长们已经用石墙和铁栅栏准备好了一个行为框架，但就他们所了解的孩子的情况而言，就他们所关心的孩子作为人的成长而言，他们欢迎孩子的反抗。尽管他们仍然是和平的守护者，但他们期望打破规则，甚至欢迎革命。幸运的是，在大多数情况下，通过想象和玩耍以及文化体验，孩子和父母都会从对抗中得到解脱。随着时间的推移和个体的健康发展，儿童在面对明显的不安全因素时也能够保持一种安全感，例如，当父母生病或去世，或当某人行为不端，或当一个家庭由于某种原因而破裂时。

测试安全性的需要

孩子会不断验证他们是否仍然可以依靠父母，这种测试可能会一直继续，直到孩子成长为成人，准备好为自己的孩子提供安全的环境后还会再持续一段时间。青少年会对所有的安全措施以及所有的规章制度和纪律进行试探和测试，这是他们的特点。通常情况下，孩子都会接受以安全为前提的基本假设。他们相信世界是稳定可靠、有章可循的，因为他们早期经历过良好的父母的照料，他们内在有一种恒定的安全感，这种安全感会通过他们对父母、家人、老师、朋友以及他们所遇到的各种人的测试而不断得到加强。见到门被锁了，他们会想尽办法去开锁，反复尝试解除或打破这些规矩的办法，锁打开了就冲出去，否则，他们就整日蜷缩在床上，听着阴郁的蓝色爵士乐唱片，觉得自己毫无用处，深陷空虚无聊之中。

为什么青少年会特别需要做这样的测试？这似乎是因为他们遇到了可怕的新的强烈感受，而他们希望知道外部控制仍然存在。但与此同时，他们必须证明自己能够突破这些控制，建立起自我。健康的孩子确实需要有人持续地管理他们，但管理孩子的人必须是那些可以被爱、被恨、被蔑视和被依赖的人；机械控制是没有用的，恐惧也不能成为让人服从的良好动机。人与人之间永远需要一种有生机的关系，它为真正的成长提供了必要的活动空间。随着时间的推移，真正的成长会使青少年产生成年人的责任感，特别是产生为新一代的幼儿提供安全条件的责任感。

我们可以在各种创意性的艺术作品中看到这一切。富有创造力的艺术家们为我们做了一些非常有价值的事情，他们不断突破旧的形式，创造新的形式。当现实生活以一种活生生的方式威胁、摧毁着我们的生存感和真实感时，艺术家使我们保持活力。艺术家比其他所有人能更好地提醒我们：冲动和安全感之间的斗争（两者对我们都至关重要）是一种永恒的斗争，是我们每个人一生都在进行的斗争。

因此，在健康的情况下，孩子们会发展出对自己和他人足够的信心，讨厌各种强加的外部控制，恰当的成长条件会让所有的控制最终变成自我控制。在自我控制中，冲突已经在个人内心里提前得到了解决。所以我的理解是：早期良好的条件会带来安全感，安全感会带来自我控制，当自我控制成为心理现实的组成部分时，外界强加的控制或保障对孩子而言就变成了一种侮辱。

[1960]

第五章 孩子五岁时

有一则关于离异案的报道,报道中的离异夫妇有一个五岁的孩子。一位博学的法官提到这个孩子时说:"这个年龄的孩子是出了名地适应能力很强的。"我无意评论本案的判决,但想讨论一下这个问题:五岁的孩子是出了名地适应能力很强吗?

在我看来,适应能力只会伴随成长和成熟而来,在孩子的发展过程中,没有哪个阶段可以说是孩子适应能力很强的阶段。适应能力意味着我们期望儿童能服从安排,同时不对儿童的个性成长和性格形成造成危害。

也许确实有人会说,五岁这个阶段有一些特殊性,我们需要十分小心,不能放松对环境可靠性的要求。我希望在这里讨论的就是这些可靠性所具有的特征。

父母看着他们的孩子成长,经常觉得惊讶。这一切如此缓慢,但又好像发生在一瞬间。这就是它的有趣之处。孩子出生了,似乎就是几周前的事情;然后他开始蹒跚学步;今天他五岁了,明天他就要去上学了;再过几个星期,他几乎马上要开始工作了。

这里有一个有趣的矛盾。时间过得又慢又快。或者,换句话说,当父母站在孩子的角度去感受事物时,时间几乎是停滞的。或者时间开启了,但移动得极其缓慢。永恒的概念来自时间开始之前我们每个人婴儿期的记忆痕迹。但是,当我们跨入自己的成人经历时,我们会意识到五年的时间几乎不算什么。

父母记忆和孩子记忆之间的差异,会对他们的关系有一种奇怪的影响。父母自己清楚地记得一个月前发生的事情,但他们发现他们五岁的孩子完全不记得上个月阿姨的来访,也不记得新小狗到来的时间。孩子会记得一些事情,甚至是很早期的事情,尤其是那些被反复谈论的事情,他饶有兴致地使用着自己了解到的家族传奇,就好像它是别人的故事,或者是一本书中的人物。他开始有了对"自己"和"当下"更多的意识和觉察,与此同时,他也逐渐开始遗忘一些事情。他的泰迪熊在最底层抽屉的后面,他已经忘记了它曾经有多么重要,除非他又突然想要它。

我们可以说,孩子正从一个围栏中走出来:围栏的壁开始出现裂缝,厚度也变得不均匀;然后你瞧,孩子转眼就到了围栏外面。当围栏为他重新筑起的时候,除非他累了或生病了,他很难再回到里面,即使回到里面了,他也不容易感觉到。

这个围栏是由他的父母、家人、房子和院子、熟悉的景象、声音和气味所提供的。这些事物属于他成长中的不成熟阶段,属于他对父母的依赖,属于婴儿世界的主观本质。这个围栏的初级形态是一个屏障,是婴儿时期母亲抱着他的双臂自然形成的。母亲以一种亲密的方式主动适应着婴儿的需求,然后根据婴儿能够迎接新鲜事物的速度,她逐渐地不用再去完全地适应婴儿。

孩子们并不会彼此完全相同。母亲发现她给每个孩子建造的是不同的围栏,每个孩子一个;现在她的儿子或女儿正从这个围栏中出来——准备好迎接另一种群体,一种新的围栏,孩子至少每天待在里面几个小时。也就是说,孩子到了去上学的时候。

诗人华兹华斯（Wordsworth）在他的《不朽颂》中提到了这种变化：

> 年幼时，天国的光辉近在眼前；
> 当儿童渐渐成长，牢笼的阴影
> 便渐渐向他逼近……

在这里，诗人确实感受到了孩子对新围栏的意识，与之形成对比的是婴儿对依赖的无所觉知。

当然，如果居所附近刚好有一所好幼儿园，父母就正好可以利用它。一所好的幼儿园里，可以给一小群孩子提供玩耍的机会，可以提供合适的玩具，也许还有比家里更好的地板；而且总是有人监督孩子在初期社交生活中的试验，比如不让他用铁锹去砸另一个孩子的头。

五岁上小学

幼儿园和家并没有太大区别，它仍然是专业的养育机构。我们现在要讨论的学校就有所不同。小学环境可能好，也可能不太好，但它不会再像幼儿园那样去适应孩子，除了刚开始的时候，也不再有特殊化的照料。换句话说，孩子必须学会自己去适应学校对学生的期望。如果孩子为此做好了准备，他就可以从新的体验中获得很多东西。

对于如何应对孩子生活中的这一重大变化，家长们会有很多思考，他们会谈论学校，而孩子们则只管在学校玩耍并期待着体验父母和其他人告诉他的新乐趣。

这个阶段确实会出现一些困难，因为环境的变化不一定与孩子成长速度相适应。我曾处理过很多这个年龄的孩子的困难，我想说的是，在绝大多数的案例中，根本没有深层次的问题，也没有真正的疾病。个体的压力与焦虑来自成长速度的差异：一些孩子有快速发展的需要，而另一些孩子则需要慢慢发展。几个月的年龄差别就会在成长进度上产生很大的不同。一个生日在十一月份的孩子可能正在焦急地等待录取，而一个生日在八月份的孩子则可能会提前一两个月被送去上学。无论如何，总会有孩子急切地想进入更深的水域，而另一部分孩子则倾向于躺在岸边发抖，害怕下水。而且，顺便说一下，一些勇敢的孩子在把脚趾伸进水里后又会突然退缩，跑回到妈妈那里，在几天、几周或更长时间内拒绝从熟悉的围栏中再出来。

父母了解自己的孩子，当孩子遇到困难时，他们会去和学校的老师们讨论，而老师们已经习惯了这一切，见怪不怪，他们只管安心等待，玩着放长线钓大鱼的游戏。处理这类问题的关键是要理解孩子：走出围栏是令人兴奋的，也是令人恐惧的；孩子一旦出来，就再也回不去了，这很可怕；生活就是一个漫长的过程，从封闭的环境中走出来，承担新的风险，迎接令人兴奋的新的挑战，如此循环往复。

一些孩子是因为自己的困难而无法迈出新的一步，如果时间的流逝不能带来治愈，或者如果孩子有其他疾病的迹象，父母可能需要为他们提供有针对性的帮助。

但当孩子退缩回来的时候，也有可能是母亲出了问题，特别是过于完美的母亲。有些妈妈的意愿会分为两个层面。其中一个层面（我称它为表面层）是，她们希望孩子长大，走出围栏，去上学，去见识这个世界；而在另一个隐藏得更深的层面，我想是她们并没有真正意识到的层面，她们无法想象让孩子离开。在这个更深层的意愿里，逻辑与理性并不是最重要的，母亲不能放弃的是最宝贵的东西：她的母性功能。当孩子依赖她时，她更容易感觉到自己是母亲，而当孩子长大、享受分离、独立和反抗的时候，她的母亲身份就不那么被需要了，这会让母亲感觉失落。

　　孩子很容易感受到这一点。尽管在学校很开心，孩子还是会气喘吁吁地跑回家；他尖叫着，表示自己不愿意走进学校大门。孩子会为他的母亲感到难过，因为他知道她不能忍受失去他，因为她的天性，她没有力量让他远离。如果母亲能够为他出去而高兴，又为他回来而高兴，那对孩子来说，外出探索世界就会容易些。

　　很多人，即使是最厉害的人，有时都会有点儿沮丧，或者几乎一直都是这样。他们会对某事有一种模糊的负罪感，他们担心着自己要承担的责任。在家里，孩子的活力是一种永恒的主旋律。孩子的声音，甚至他的哭声，永远是生命的迹象，给人以安全感。因为抑郁的人总是觉得他们可能让一些东西，一些宝贵的和必不可少的东西死了。

　　当孩子去上学时，母亲害怕家里的空虚和她自己的空虚，害怕一种内在的个人失败感的威胁，这些恐惧会驱使她去寻找另一个关注点。当孩子从学校回来，如果发现母亲有了新的关注点，他将不再有以往的中心位置，他将不得不通过斗争而重新占据母亲的心。这种为了回到原来位置而进行的斗争对他来说比上学更重要。常见的结果是，这个孩子将会成为一个拒绝上学的案例。但他会一直在心里藏着渴望上学的焦虑，而母亲也希望他像其他孩子一样去上学。

　　也可能父亲会以某种方式使问题复杂化，他让孩子想上学，但他采取的行动往往导致孩子不能去上学或不能待在学校。让孩子拒绝上学的原因还有很多，这里就不一一列举了。

　　我认识一个男孩，他在这个阶段对用绳子把东西连接起来产生了强烈的兴趣。他总是把坐垫拴在壁炉上，把椅子拴在桌子上，所以到处都是障碍物，在屋子里走动十分不安全。这个男孩非常喜欢他的母亲，但他总是不确定自己是否能回到她心中最为重要的位置，因为当他离开她时，她明显变得很沮丧，并且用她无须担心或怀疑的东西来代替他。①

有过类似经验的人会更理解这样的母亲。她可能因为孩子对母亲和其他人的感受很敏感而感到高兴，但遗憾的是，她未表达的甚至是无意识的焦虑会让孩子为她感到难过。孩子将无法走出围栏。

母亲也可能在更早的时候就遇到这种困难。例如，她可能发现很难让孩子断奶。她可能已经意识到，孩子不愿迈出任何新的一步或探索未知的世界。在每一个阶段，她都面临着失去孩子对她的依赖的威胁。她正处在培养一个独立自主、对生活有个人见解的孩子的过程中，虽然她能看到这样做的好处，但她无法得到情感上的释放。这种模糊的抑郁心理——被不确定的焦虑所包围的状态——与一个母亲对孩子全神贯注的能力有着非常密切的关系。考虑其中一个方面而不提及另一个方面是不可能的，我想，大多数母亲生活在关心和担心的交界处。

母亲们有各种各样的痛苦要经历，如果婴儿和孩子可以不被这些痛苦所困扰，这是件好事。孩子自己也有很多痛苦。事实上，他们更喜欢自己的痛苦，就像他们喜欢新的技能、开阔的视野和快乐一样。

华兹华斯所谓的"牢笼的阴影"是什么呢？在我看来，从一个生活在主观世界的小孩子到一个生活在现实世界的大孩子是一个很大的转变。婴儿从一开始对环境就有神奇的控制力——如果他能得到足够

---

① 本书第九章"有精神病障碍的父母对儿童情感发展的影响"中，会再次提及这个案例。

好的照顾的话——并会重新创造世界，甚至重新创造他的母亲和门把手。到五岁的时候，孩子已经能够像母亲自己一样去感知母亲，能够认识到在母亲孕育他之前就存在一个有门把手和其他物体的世界，他有能力认识到他自己对外界有所依赖这一事实，然而，此时正是他实现真正独立的时候。这完全是一个时机的问题，大多数母亲都能很好地做到这一点。其他人通常也能这样做。

复杂化趋势

生活对这个年龄段的孩子还有很多其他的影响。我提到过孩子的泰迪熊。孩子很可能在某个阶段对某种特殊的物品十分着迷。这个特殊的物品可能曾经是毯子、餐巾、母亲的围巾或布娃娃，它在孩子一周岁前后就变得重要起来，特别是在从醒到睡的过渡时刻，它变得非常重要。它的待遇可能很糟糕，甚至可能还有让人闻着不那么舒服的味道。不过，如果孩子使用的是这个东西，而不是母亲本人或她的耳垂和头发，那还是很幸运的。

这个物品将孩子与外部现实联系起来。它既是孩子的一部分，也是母亲的一部分。一个孩子拥有这样的物品，他在白天可能完全用不着它，但他会带着它去任何地方。到五岁的时候，孩子对这个东西的需求可能还没有停止，但有许多东西可以取代它——孩子看漫画，有各种各样的玩具，既有质地坚硬的，也有质地柔软的，还有整个文化生活在等着去丰富孩子的生活体验。不过，孩子刚去学校的那段时间可能会有麻烦，这时，老师需要慢慢来，而不是一开始就禁止这个物品进入教室。这个问题一般在几周内就会自行解决。我想说的是，孩子在刚上学时与母亲的关系可以追溯到婴儿时期的依赖，追溯到婴儿早期，那时他才刚开始认识到他的母亲和世界都是与他的自体分离的。

上学的焦虑自行消除后，男孩就可以放弃随身携带这个物品，取而代之的是口袋里一辆卡车或一个引擎，还有绳子和草根；而女孩则会想办法把手帕揣进口袋，或者在火柴盒里藏一个秘密的宝宝。在任何情况下，一旦遇到困难，孩子们都可能吮吸他们的拇指或咬他们的指甲作为自我安慰以缓减焦虑。当他们获得信心时，他们通常会停止这些行为。我们要学会期待孩子们表现出焦虑，因为这意味着他们不再是母亲和家庭不可缺少的一部分，转而成为更广大世界的一分子。

焦虑可能表现为对婴儿模式的回归。婴儿模式总是能更仁慈地为孩子提供安慰。这些模式会成为一种心理治疗的内置模式，它之所以能保持有效性，是因为母亲是鲜活可用的，因为她一直在为孩子提供现在和婴儿期经历之间的联系。

附言

如果孩子们喜欢上学，并且很享受忘记妈妈的那几个小时，他们会很容易感到自己对母亲不忠诚。所以他们一想到回家就隐约感到焦虑，或者不知道为什么就会推迟回家。即使有理由对孩子生气，母亲也尽量不要选择在孩子刚放学回家时就表达自己的愤怒。因为母亲可能是为自己被遗忘而烦恼，所以要时刻留意自己对孩子的新发展所产生的反应。因此，在母亲和孩子重新建立联系之前，母亲最好不要因为洒在桌布上的墨水而对孩子生气。

如果我们知道正在发生什么，处理这些事情就不会有太大的困难。成长对孩子来说不可能全是甜蜜的，而对母亲则往往意味着更多的苦涩。

[1962]

促进与阻碍

第六章 家庭生活中的整合性因素和破坏性因素

众所周知，家庭是社会文明的重要组成部分。我们的家庭模式实际上表明了我们的文化是什么样子的，就像一张脸的图片可以描绘一个人一样。家对我们很重要，家的存在才让旅行有了意义。我们去到别处，从东到西或从南到北，因为某种原因离开，然后我们定期回家，只是为了恢复与这个地方的联系。我们花很多时间写信、发电报、打电话，来得到亲人的消息。出现压力时，人们选择回归家庭，而对外人持怀疑态度。

尽管这些常识已经众所周知，家庭仍然值得我们仔细研究。作为一名精神分析师，通过对个体情感发展的深入探索，我了解到，每个个体从与母亲融合到成为独立的个体的漫长过程中，个体不仅与母亲相关，也与父母共同成长。成长的旅程将穿过整个被称为家庭的区域，而父亲和母亲是主要的成员。家庭有自己的成长发展，每个小孩子都会经历家庭逐渐扩大和家庭问题复杂化的过程。家庭保护孩子不受外部世界的伤害，但渐渐地，外部世界也会通过家庭渗透进来，从叔叔阿姨、邻居们，到最早的兄弟姐妹，再到学校。这种逐渐的环境渗透是孩子与更广阔的世界达成意见一致的最好方式，它完全遵循了母亲让婴儿逐步接触外部现实的规律。

我知道有些亲戚常常会让我们感到厌烦，并且我们常常因为要负担他们而满腹牢骚。我们甚至会因他们而丧失生命，但他们仍对我们非常重要。'只要看看那些没有任何亲属关系的男女所特有的处境（例如，一些难民和一些私生子的情况），就会发现，没有可以抱怨、爱、被爱、恨和焦虑恐惧的亲属关系，是一种多么可怕的境况，它会造成严重的身心障碍，甚至导致我们怀疑原本非常友好的邻居。

当我们开始观察表面之下的东西，并且分析一些非常真实的压力时，我们会发现什么呢？

父母的积极倾向

结婚之后，家庭生活稳定的阶段，是孩子出生最好的时机。如果刚结婚孩子马上就来了，宝宝很可能不那么受欢迎，因为两个新婚的年轻人还没有经历他们对彼此意味着一切的最初阶段。我们都知道，第一个孩子的出生总会在某种程度上破坏父母之间的关系，并且父母也会因此而遭受痛苦。当然，我们也遇到过很多没有孩子的家庭，不过现在考虑的是那些有孩子，并且孩子是父母爱情结晶的情况。我们也假定孩子都是健康的。人们常开玩笑说，孩子都是烦人精，但在一段关系中，如果孩子出生在合适的时间，那么他们就是受欢迎的烦人精。在人类的本性中，似乎会期待某个讨厌的东西，而这个讨厌的家伙就应该是一个孩子，而不是疾病或环境灾难。

家庭的存在和家庭气氛的维持是父母在他们所生活的社会环境中的各种关系共同作用的结果。父母能对他们正在建立的家庭做出什么"贡献"，在很大程度上取决于他们与周围更广泛的圈子的日常关系，即他们目前所处的社会环境。我们可以考虑不断扩大的圈子，每个社会群体的内部模样都取决于它与外部社会群体的关系。当然这些社交圈子都是相互重叠的。许多家庭就好像是一个持续经营的企业，是不能禁受连根拔起和迁移的。

我们不能简单地从家庭与社会的关系角度来看待父母之间的关

第六章　家庭生活中的整合性因素和破坏性因素

系。一对父母组成一个最基本的家庭，有一种强大的力量在创造和束缚着这个家庭，这些力量已被非常详细地研究过，它们属于非常复杂的性幻想。这里说的性不仅仅是身体上的满足。我想特别强调的是，性满足是个人情感成长的一种成就，当这种属于个人的满足感与社会关系彼此融洽时，它代表着心理健康的顶峰。相反，性的紊乱与各种神经性障碍、身心问题以及个人潜能的损耗有关。然而，虽然性的力量是至关重要的，但当考虑到家庭这一主题时，目标就不完全是满足性本身了。

值得注意的是，有大量看起来不错的家庭建立在身体并未达到高度性满足的基础上。身体得到高度满足的最典型的例子是浪漫的爱情，但它不一定是家庭建设的最佳基础。

有些人享受性的能力很差，有些人坦率地表示更喜欢自慰的性爱体验，或者同性之间的性爱体验。然而，当父母能够轻松地享受个人情感成熟所带来的体验时，这显然都是非常丰富的经历，而且对所有相关的人来说都是幸运的。除此之外，我们知道，父母之间还有其他一些事情会让他们自然地倾向于建立一个家庭单元，比如父母根深蒂固的愿望，在成长的意义上希望像自己的父母一样。我们还会记得想象中的生活，以及文化兴趣和社会价值观叠加的影响。

让我们停下来思考一下我称之为"性幻想"的东西。在这里，我必须提及那些在精神分析工作中出现的异乎寻常的坦率。精神分析会让人思考：除了作为精神分析治疗的副产品或精神病学社会工作的特殊情况外，该如何正确使用一份客观而全面的婚姻案例史。所有的性幻想，无论是意识层面的还是无意识层面的，几乎都在无限变化着，并且都具有重要意义。我们要重点了解的是，当用身体表达爱的冲动时，由于破坏性因素（大部分是无意识层面的）而产生的担心或内疚感。我们可以欣然承认，这种担心和内疚感为父亲或母亲或父母共同的内心需要，以及为一个家庭做出了巨大贡献。不断壮大的家庭比其他任何东西都更能消除人们对伤害、身体损伤，以及怪物异类产生的可怕想法。父亲在母亲分娩时真实的焦虑，像其他任何事情一样清楚地反映出这种焦虑属于性幻想，而不仅仅是物质现实。

当然，婴儿给父母的生活带来的许多快乐都是基于这样一个事实：婴儿是一个完整的人，而且婴儿还包含着自己的生命特质——也就是说，婴儿是有活力的；有一种天然的自主呼吸、自主运动和自主成长的倾向。每个孩子与生俱来的活力给了父母一种极大的宽慰感，让父母能逐渐信赖这种活力，并慢慢地从罪恶感或无价值感中解脱出来。

在这里，如果不思考怀孕以及婴儿对父母意识和无意识幻想的意义，我们就不可能理解父母对孩子的态度。父母对每个孩子的感觉是不同的，对待每个孩子的方式也是不同的。这在很大程度上取决于受孕时、母亲怀孕期间、婴儿出生时以及之后父母的关系如何。妻子怀孕会对丈夫有影响，在一些极端的案例中，当妻子怀孕时，丈夫会离开她，有时丈夫也会被妻子吸引得更近一些。在任何情况下，父母之间的关系都会因怀孕而发生变化，通常会使双方关系变得更丰富，也会产生更深的责任感。令人诧异的是，每个孩子之间的差异会非常大，即使孩子们有相同的父母，在同一所房子和同一个家庭中长大。忽略同一家庭孩子之间的差异就是忽略了人类对性的整体想象和加工的唯一性，也没有考虑到每个孩子对特定的想象和情感环境的适应度。每一个想象和情感环境都是独一无二的，永远不会重复第二次，即使物理环境中的其他一切都保持不变。

这个主题还有许多其他的变化。有些是复杂的，但有些是显而易见的，例如，婴儿是男孩还是女孩可能会深刻影响父母之间的关系。

有些父母双方都希望是一个男孩；有些母亲会害怕自己对男孩的爱，因此无法享受母乳喂养的亲密乐趣；有些父亲想要女孩，而母亲想要男孩，或者相反。

必须记住的是，家庭是由每个独立的孩子组成的，他们每个人不仅在基因上与其他孩子不同，而且在情感成长方面也会受到我所说的新生儿是否符合父母幻想的影响，这些因素丰富并精细加工了他们之间的身体联系与彼此的关系。在整个过程中，最重要的总是这个鲜活的婴儿通过成为一个现实个体而带来巨大的安慰——诚如我所说的，暂时中和幻想，并且消除对灾难的预期。

那些收养了孩子的人会知道孩子是如何填补婚姻中因想象而产生的需求空白的。没有孩子的已婚人士可以找到各种其他的方式来组建家庭；有时人们会发现，他们反而拥有最大的家庭。但他们更希望有自己的孩子。

到目前为止，我想说的是，父母双方在发展他们与对方的关系时需要真正的孩子，这种方式产生的积极驱动力是非常强大的。就我们的预期目标而言，仅仅说父母爱他们的孩子是不够的。他们的确会爱他们的孩子，但除此之外他们还有各种各样的其他感受。孩子需要父母的不仅仅是被爱；当他们被厌恶的时候，甚至被憎恨的时候，他们也需要可以承载一些东西。

来自父母的破坏性因素

在考虑父母的困难时，我们应该时刻提醒自己，父母并不一定因为他们已经结婚，建立了家庭，就变得完全成熟。我们希望，成年人社会中的每个成员都在成长，并且一生都在不断成长。但对某些成年人来说，如果他们不抛开早年的成长模式，他们是很难再继续成长的。我们可以很容易地说，如果人们成熟到可以结婚生子，他们就应该有能力接纳自己，接受事实；如果他们对自己不满意，就应该减少损失，及时收手。然而，事实上我们知道，如果他们结婚结得过早，男人和女人从他们结婚开始，要经历数十年的成长才能完成成长的目标。

从建立家庭的角度来说，早结婚是比较可取的。对孩子成长最好的父母，是比孩子大二三十岁、不太世故的人；这样的父母会从他们的孩子身上学习，这里有很多值得说说的内容。我们应该希望男人和女人等到有钱了或者春风得意的时候再结婚吗？是的，在通常情况下，男性和女性确实需要建立一个组织（比如结婚，建立家庭），通过这个组织，他们最终去实现进一步的个人成长。他们常常很乐于等上几年，等他们的孩子需要他们为家庭环境努力时，他们就奋力向前。然而，有时父母（或其中一方）在重新开始一个新的成长阶段之前，会有一段非常紧张的时期。

期望在青春期完全成长是很难的。社会不喜欢青少年自由尝试，总有一些人喜欢好孩子，而"好"在青春期则意味着"不会草率地建立关系"，这里的"草率"包括不小心怀孕和生下私生子，因此许多孩子以一种压抑的方式度过他们的青春期。不成熟的男女结婚后，许多人会从家庭的建立中得到极大的宽慰和享受；但是，我们不要感到惊讶，最终他们自己孩子的成长会对他们发出挑战，让他们在自己的成长中走得更远，因为没有成熟就结婚的人自己的成长在他们的青春期就已经停滞了。

最近有一个社会因素在起作用。战争让整个世界都发生了很大的变化。如果不再有战争，那么我们就不会再因为战争带来的青少年问题而烦心，所以我们随处可见青少年正在将青春期确立为一个发展阶段，这是我们必须考虑的。从本质上讲，这是一个困难的阶段，是依赖和反抗并存的阶段，随着青少年继续成长，这个阶段终究会过去。（我们不要被这样一个表象所误导，即青少年不断出现新的问题就是因为不安分。）

我想说的是，当父母到了为孩子竭尽所能地牺牲一切时，很多我们所看到的家庭生活的复杂性，就是由此造成的。父母一方或双方的青春期延迟现象开始表现出来了。也许这里特别指的是父亲，因为母亲更多的时候是处于母亲的身份中。然而，她也可能在以后的日子里极度需要体验浪漫或激情的爱，而这是她之前极力回避的，因为之前她只想为她的孩子找到合适的父亲。

现在这个家庭会发生什么呢？我知道，在绝大多数情况下，父母都是足够成熟的，成熟到足以让他们自己做出牺牲，就像他们的父母为他们所做的那样，以此来维持和稳定他们的家庭。因此，孩子可能不仅仅是在一个家庭出生，而且在家庭中成长，在家庭中达到青春期，并且可能通过与家庭的关系来获得独立，甚至走进婚姻生活，这些都有可能。但也可能不是这样发展的。

我认为，我们不应该轻视那些在结婚时还不够成熟的人，他们承受不了无限期的等待，对他们来说，在个人成长中必须作出新的突破，否则就会堕落。婚姻会出现一些困难，而孩子必须能够适应家庭的破裂。有时，尽管事实上父母已经发现了打破原有的婚姻框架（离婚）的必要性，或者发现了再婚的必要性，但他们也应该尽责任地看着孩子成长为一个令人满意的独立的成年人。

当然，在某些情况下，已婚的年轻人会故意不生孩子，因为他们知道，虽然他们通过结婚获得了一些有价值的东西，但这仍是一种不稳定的状态；并且他们每个人都知道在准备好成家之前，他们可能需要做一些新的尝试，而他们最终都会做出成家的打算。他们打算建立家庭，一方面是因为这是很自然的事情，另一方面是因为他们希望自己能够像其他的父母那样完成社会化，并且融入社会。但家庭并不是浪漫爱情的自然结果。在更不幸的情况下，父母之间会因为极端的困难而产生一种混乱的状态，这些困难使他们无法继续合作，即使是继续共同照顾他们喜爱的孩子。①

在本文中，我有意忽略了身体或精神疾病的破坏性影响②——我只是试图表明，研究整合性和破坏性的因素对家庭生活的形成或破坏是多么重要：这些因素来自已婚男女之间的关系，以及来自他们对性生活有意识和无意识的幻想。

孩子的积极倾向

在考虑另一半问题，也就是说，来自孩子的与家庭生活相关的整合和破坏因素时，必须记住，父母双方都曾是孩子，或者从某种程度上说，他们仍然是孩子。

无论怎样强调家庭的整合是源于每个个体的整合倾向都不为过。而个体的整合并不是一件理所当然的事情。个体的整合是一个情感成长的问题。就每一个个体而言，整合都必须从一个未整合的状态开始。关于婴儿发展的最早阶段，人们已经做了大量的研究，在这个阶段，自体第一次建立起来，但仍然完全依赖于母亲的照顾来获得个体的成长。在比较理想的条件下（这与母亲和孩子的亲密关系有关，后来与父母双方的共同兴趣有关），婴儿会自然呈现出整合倾向，这是

---

① 在英国，自1948年《儿童法案》颁布以来，国家规定，政府对英格兰、苏格兰和北爱尔兰的每一个被剥夺家庭生活的儿童负责，这项服务在全国各地建立起来。儿童部门首先尽可能维护每个儿童的家庭生活，在无法做到这一点的情况下，将儿童安置在寄养家庭或为有特殊需要的儿童提供住宿。
② 各种类型的精神疾病对家庭的影响将在本书的第七章至第九章进行讨论。

自然生命力的一部分，每个孩子都必须经历的成长过程。如果在极度依赖的最初阶段情况很好，人格的整合就会顺利发生，这种整合是一个拥有着巨大能量的活跃过程，它会影响环境。发展得足够好的孩子，其人格能够通过个人成长的内在力量从内部实现整合，这样的孩子对当下的环境具有整合的作用，对家庭环境是有"贡献"的。

正常状态下，孩子的这种贡献可能被我们遗忘，直到遇到一个生病或有缺陷的孩子，或者因为某种原因没有做出贡献的孩子。然后我们才发现这样的父母和家庭是如何遭受痛苦的。当孩子没有做出贡献时，父母就承担着一项任务，而这项任务并不完全是自然而然形成的——他们必须提供一个家庭环境，并努力维持这个家庭和家庭氛围，并且无法从孩子那里得到帮助。但这里面有一个限度，超过了这个限度，我们就不能指望父母可以完成这项任务了。

社会的健康协调取决于每个家庭单元的整合，更重要的是，我们要记住，这些家庭单元的健康协调又取决于每个家庭成员成长过程中发生的整合。换句话说，在一个健康的社会中，一个民主可以蓬勃发展的社会中，必须有一定比例的个体能够在其自身的人格发展中实现令人满意的整合。民主的思想和民主的生活方式产生于个人的健康和自然成长，只有通过实现了整合的个体人格才能维持。一个社会的健康程度要根据社会中存在的健康或相对健康的个体的所占比率来决定，必须有足够多的健康个体承担那些不能对社会做出贡献的不完整人格，否则民主社会就会消亡。

由此可以看出，以非自然的方式让社区民主化是不可能的，因为一旦使社区民主化成为任务，人们就已经在运用来自外部的力量制造民主，而促成民主的力量只有来自内部、来自每个健康的个体时才会有效。然而，一个健康的社会总会有一定比例的过客似的成员，一个健康的家庭也可能会养育出整合倾向较弱的孩子。

每个孩子都会通过健康的情感成长和以令人满意的方式发展其人格，改善其家庭和家庭气氛。父母在努力建立家庭的过程中，受益于每个孩子的整合倾向。这不仅仅是婴儿或孩子是否可爱的问题；还有比这更重要的事情，因为孩子并不总是甜美可爱的。婴儿、小孩和大一点的孩子通过期待得到表扬和赞许来取悦我们，部分原因是因为我们有能力认同他们。这种认同孩子的能力，也取决于我们在同样的年龄时，在自己的人格发展方面有足够好的成长。通过这种方式，我们自己的能力得到加强，并被孩子对我们的期望所激发和发展。婴儿和孩子以无数微妙的方式以及显而易见的方式，在自己周围创建一个家，也许是因为他们需要一些东西，而我们之所以给予，是因为我们知道他们的期望以及如何满足这些期望。我们看到了孩子在家庭游戏中创造了什么，我们也愿意把他们创造性的象征变成现实。

父母往往能够以某种方式或在某种程度上满足孩子的期望，这比他们从自己的父母那里获得的体验更好。然而，这里有一个风险：当他们比自己的父母做得更好，而且超过一定程度时，他们会不可避免地开始怨恨自己的好，事实上，他们往往会破坏自己做得很好的事情。出于这个原因，一些男人和女人会和别人的孩子相处得更好，而和自己的孩子关系平平。

来自孩子的破坏性因素

从这一点出发，我们要考虑到由于个别孩子缺乏发展能力或因为孩子患病而造成的家庭的失整合。在儿童的某些精神疾病中，有一种继发性的倾向，这种倾向表现为儿童有一种打破任何好的、稳定的、可靠的或任何有价值的东西的需要。最突出的例子是被剥夺儿童的反社会倾向，这种孩子对家庭生活最具破坏性。有这种类型孩子的家庭，无论是孩子自己的家庭，还是替代性家庭或社会，都在不断经受考验，一旦被孩子找到可靠的家庭，这个家庭就会成为孩子破坏性冲动的目标。这涉及为反社会倾向的孩子提供帮助的大问题，这类孩子好像在寻找值得毁灭的东西；而在潜意识中，孩子是在寻找在自己早期发展阶段失去的美好的东西，他在因为这些东西消失而生气。当然，这是一个独立的问题，但它必须在因为儿童畸形成长而造成家庭生活中断的所有模式中被提及。

两个主题的进一步发展

关于这些不同因素的相互作用，我们有很多可以说的，这些因素涉及父母、他们与社会的关系，和他们想要有一个家庭的愿望，以及由于个人成长的内在整合倾向而产生的问题，这些问题——至少在一开始的时候——取决于是否为个体提供了足够好的环境。有许多家庭在孩子发展得很好的情况下可以保持完整，但却无法承受家里有一个生病的孩子。

在评估孩子是否适合接受心理治疗时，我们发现我们不仅要考虑疾病的诊断和心理治疗师是否合适，还会考虑到家庭的承受能力。事实上，家庭的承受能力指的是在心理治疗开始起作用之前，家庭要看护生病的孩子，并在一段时间内容忍孩子的病态。在许多情况下，这类家庭不得不变成疗养院，甚至精神病院，以确保应对其中一个孩子的疾病或治疗。很多家庭能够做到这一点，在这种情况下，心理治疗就是一件相对简单的事情；而有些家庭无法做到这一点，我们就不得不把孩子放在远离家庭的地方，在这种情况下，心理治疗的任务变得要复杂得多，而且确实很难找到合适的组织来安置那些对外部环境毫无贡献的孩子。由于孩子能够带到这个组织的整合倾向比较小，这个组织就必须持续地看护孩子和忍受孩子的病态。

我们身边有很多健康的孩子和养育他们的良好的家庭，也有很多家庭有一个生病的孩子，一个焦虑的孩子，一个身心失调的孩子，一个抑郁的孩子，或者一个性格非常分裂的孩子，一个反社会的孩子等，但我们不能因此而责备这些孩子的父母。在我们努力帮助这些孩子的时候，他们的父母必须照顾这个困难的孩子，或者，在另一种极端情况下，让这些父母放弃这个任务，让他们知道，虽然他们可以为正常的孩子建立和维持一个家庭，但他们创建的家庭不能承受这个生病的孩子，他们必须暂时放下他们的责任。但通常情况下，父母无法忍受这种方式的帮助，尽管他们也无法忍受另一种选择（照顾这个困难的孩子）。

围绕这类个案的处理存在着很多困难，这里提到的情况只是为了突出中心主题，即每个孩子的健康发展是家庭群体整合的基础。同样可以肯定的是，健康的家庭使更广泛的整合成为可能，使更广泛的各种群体的出现成为可能，这些群体有时彼此重叠形成交集，有时也相互对立，一起形成逐渐扩大的社交圈。

孩子当然不能靠魔法来建立这个家庭——也就是说，没有父母和父母之间相互产生联结的愿望，是不可能建立起一个家庭的。然而，每个婴儿和孩子都创造了一个家庭。的确，父母带来了家庭的存在，但他们需要从每一个婴儿和孩子那里得到一些东西——我把这称为孩子个体的创造。如果做不到这一点，父母就会失去信心，只会创造出一个没有价值的家庭环境。他们当然可以收养一个孩子，或者以其他方式间接地建立一个家庭。家庭的力量来自它是父亲和母亲关系的产物和来自属于单个孩子情感成长的先天因素的产物之间的交会点——我把这些因素放在了整合性倾向的主题下。

[1957]

第七章　父母有抑郁症的家庭

在上一章中，我们讨论了一些让家庭生活遭到破坏的父母和孩子的因素。在接下来的三章中，我将通过探讨精神疾病可能导致的家庭失整合来继续这一主题。当有证据表明家庭动力失败导致家庭生活不能正常运转，并且需要外力提供帮助时，我们应该设法了解家庭所面临的困难背后的因素，以便尽可能使我们的帮助最为恰当。关于这一点，我们不做道德判断；我也不考虑经济的问题——我们发现，在任何情况下，经济紧张都不是压力的唯一来源。

在这里，我将考察父母一方或双方患抑郁症对家庭的影响。首先，我简单介绍一下一些精神疾病的特征。

精神障碍的分类

精神疾病可以被人为地分为两种：神经症和精神障碍。精神障碍与疯狂有关或与隐藏在人格中的疯狂元素有关。神经症的模式来自完整人格的个人防御，抵御或处理人际关系中产生的幻想或现实中的焦虑。父亲或母亲的神经症性障碍会使孩子的成长变得更加复杂和困难，而父母中的精神障碍则会给孩子的健康发展带来更难以估量的威胁。

"精神障碍"是一种更深层的防御机制，指的是个体在面对压力时人格发生的变化，且这种变化已经超出了个体普通防御机制所能应付的状况。这可能是由于人格发展中，压力和压力模式出现的时间过早导致的。极端的精神障碍案例常见于精神病院。非常严重的精神病性崩溃在某种意义上是一种身体疾病，它也的确很容易被识别为某种身体疾病，当这种症状出现时，专业的医生会知道如何处理。

在这里，我讨论的主题是抑郁症。抑郁症是一种情感或情绪障碍，但我想讨论的是抑郁症的两种特殊状态。

精神障碍是存在于人格层面的——抑郁症主要的关注对象是母亲，但这里我们主要关注父亲。精神障碍是一个成年人无法从童年的重大过失中恢复过来而形成的。这种过失（在个体发展的历史上）最初是被剥夺的儿童的一种反社会倾向，一开始的剥夺是真实存在并且被孩子感知到了的，这种剥夺让孩子失去了一些美好的东西。当某些事情（剥夺）发生后，孩子的人格发生了变化。因此，后期的反社会倾向代表了孩子的一种强迫，想让外部现实来弥补最初的创伤，这种创伤的真实（物理）成因因为时过境迁已经被遗忘，而这个真实的创伤通过简单的变形后变成了执念（也称情结），难以修复。在精神障碍患者身上，这种强迫现在的外部现实去弥补其早期成长失败的强迫行为会一直持续，因而父母一方或双方经常陷入孩子这种强迫行为所产生的问题中。

另一种是伴随抑郁或反社会倾向的特定扭曲，这种扭曲与被害妄想或多疑有关。这种被害妄想的倾向是抑郁症的一种并发症，总的来说，它会使抑郁表现得不那么明显，在这一点上（被害妄想）与内疚感有所偏差，而内疚感是忧郁和抑郁的特征。那些以这种方式生病的人，一方面荒谬地感觉自己很糟糕，另一方面又疯狂地觉得自己受到了虐待。在这种情况下，我们发现无法采取任何措施来治愈他们；而我们也不得不接受这样的现状。当抑郁不伴有复杂的被害妄想和多疑时，会更有希望治愈。因为在这种相对正常的情况下，个体的人格表现出一些灵活性，更容易在抑郁情绪和外部事件的不良影响或迫害之间进行转变。

母亲或父亲的抑郁

现在，我们来谈谈抑郁症这个主题。这个主题会更有意义，因为它与我们的日常生活更密切相关。如果在天平的一端是忧郁症，在另一端是忧心忡忡，那后者其实是所有人类都存在的一种状态。济慈（Keats）谈到世界时说："在这里，人们一思想就感到伤悲，绝望得两眼铅灰。"这并不说明这个两眼铅灰的人毫无价值或者精神状态不好，相反，这恰恰反映他是一个敢于深入感受事物的人，敢于承担责任的人。因此，处于天平一端的患有抑郁的人，他们看起来像在为世界上所有的疾病、罪恶负责，尤其是为那些显然与他们毫无关系的事情负责，而另一端的则是世界上真正负责任的人，他们接受自己的仇恨、肮脏、残忍，接受这些与他们的爱和创造力并存的事实，尽管有时他们也会觉得自己很糟糕。

如果以这种方式来看待抑郁症，我们就会发现，世界上需要承担责任的人都很容易患上抑郁症，包括家庭中的父亲和母亲。他们患有抑郁症的确令人遗憾，但更糟糕的是认定抑郁症的存在是毋庸置疑、不可更改的。否认抑郁而强迫自己快乐的做法无济于事——强颜欢笑一段时间后，即使是圣诞派对也会让他觉得无聊。

母亲或父亲对孩子的失望往往与父母对生活和生活目标的普遍怀疑交织在一起。日常生活中，我们会看到他们从关心到绝望的反复切换，有时，仅仅是来自朋友或医生的一点点帮助，就会使一个人的生活在绝望与希望之间发生变化。当然，我所说的是普通生活中的普通抑郁情绪。我知道抑郁症也可能是一种严重的疾病，需要治疗，但更常见的是，抑郁情绪只是每个人都会偶尔出现的感觉。我们不希望别人把我们从抑郁情绪中拖出来，真正的朋友会容忍我们，帮我们一点小忙，然后静静等待我们自己调整状态。

我曾有机会观察陷在抑郁里的父母们。过去的三十年里，我在一家儿童医院开设门诊，成千上万的母亲来到这个诊所，她们的孩子有各种各样的生理和心理障碍。其实孩子往往没有生病，但母亲却在为孩子担心；也许明天她就不担心了，虽然她本来就不需要担心。我很快就把我的门诊看作是处理父母抑郁或疑心病的地方（带孩子来的主要是母亲，但并不全是这样，我不能为了方便起见而把父亲剔除在外）。

当母亲有点儿抑郁时，她能够带孩子去看医生，这一点很重要。当然，她也会因为担心自己身体的某个器官不够健康而去成人诊所。她们可能去看精神科医生，敞开心扉抱怨自己的抑郁；也可能因为怀疑自己的善良而咨询牧师；也可能去试试那些骗人的所谓"秘方"。事实上，怀疑感与它的对立面——信任感——非常接近，与价值感也非常接近，与"总有某些事物值得坚守"的感觉也很接近。

因此，为了引起你们对抑郁的关注，我这里所说的，不仅仅是一种严重的精神疾病（抑郁症），也包括在健康人群中普遍存在的抑郁情绪，它与人们在不抑郁时把事情做好的能力密切相关。

身为成年人，人们发现自己的职责之一就是建立和维持家庭。因此，当丈夫或妻子抑郁时，家庭就可能出现危机。让我举个例子：

一位母亲带着一个男孩来诊所，因为她注意到，在来咨询的前一周，男孩变瘦了。我很清楚这个女人长期抑郁，我理所当然地认为，目前她对儿子的担心能减缓她的一些焦虑，因为她通常都在不明所以地担心自己。通过与那个男孩的接触，我发现他的疾病源于家庭生活中非常严重的事件：他的父母总是反反复复发生冲突。就在这时，父亲突然问两个孩子："你们想和我一起生活还是和妈妈一起生活？"——这暗示着他打算和妻子分开。事实上，这个父亲经常虐待他的妻子。父亲是幼稚、不成熟的，软弱无能的，却总是很快乐。而在这里，我关心的是这位母亲和她长期的抑郁状态。

怎么治疗这位女士对她孩子变瘦的担心呢？在我的诊所里，我并不是通过心理疗法来治疗母亲的抑郁，而是对孩子进行检查。通常我都发现孩子没有问题。我选择这个病例，是因为这个男孩已经开始有糖尿病。我对男孩病情的客观诊断以及随后展开的治疗是母亲所需要的。她将会继续受到丈夫的虐待，她会继续长期处于抑郁状态，有时甚至会重度抑郁。但在她所担心的问题的有限范围内，我处理了她的担心。这个男孩除了接受糖尿病治疗之外，自然也得到了一些有关家庭状况的帮助，而当我发现自己并没有解决更大的问题，也就是母亲的长期抑郁时，我并不感到惊讶。

社会工作的责任限度

在许多情况下，通过检查并处理母亲所担心的事情，就有可能成功地减轻母亲的抑郁。例如：她可能把家务搞得一团糟，并且无意中负债累累，尽管她非常讨厌失信于人；或者她的丈夫失业了，她无力支付分期付款的电视费用。

另一位母亲带她的小女儿来找我，我不清楚她为什么要把女儿带来。可以说，这位母亲抱怨的症状取决于她碰巧走进了哪个科室的门。她可能已经问过了耳鼻喉外科医生,孩子的扁桃体肿了是否需要治疗,也可能去问眼科医生这个孩子视力好不好。她能很快地满足医生的期望,描述出医生感兴趣的任何症状。我会仔细记录下来孩子的病史,这可以让母亲了解到自己对孩子态度的波动。尽管母亲会不时地为女儿担心,但她可以看到孩子总体上发育良好。不过这个女孩确实有一些症状,包括食欲减退。

在这种情况下,我决定对那位母亲这样说:"当你感到担心时,把孩子带来是对的。这就是我的工作职责所在;目前我认为这个孩子很健康,我愿意重新考虑我的诊断,如果你觉得下周或者什么时候有必要再来的话。"

在这里,通过我对孩子的检查,以及我认真对待她所描述的事情,这位母亲得到了她所需要的保证。她很难相信孩子是健康的,但也许明天她就忘记了自己的焦虑。医生对这样一个母亲说她是一个愚蠢、挑剔的人,对她来说完全没有用,尤其是当她确实如此的时候!

此外,重要的是我们要记住,如果父母有精神疾病,如果我们需要为家庭提供支持的话,那我们就必须做好准备,站在家庭的立场上去反对权威,或反对任何已经令母亲或父亲厌恶的机构。

你可能会想,为什么我说的这些人不能通过自然的方式获得帮助,以至于让混乱和绝望不断积累,最终形成了大问题。在日常生活中,也许好朋友也能做到我们在专业治疗关系中所做的工作,但是有些人不容易交到朋友。和我们一起工作的人常常是多疑的,他们独来独往,很孤僻,或者一而再、再而三地搬家,而且他们也没有与邻居好好相处的技能。他们有时能找到解决小困难的方法,但失败太容易激活潜在的抑郁了,一份无力支付的分期付款的合同,就可能激起他们对生活的绝望。

很明显，我们所做的不仅仅是日复一日处理问题，当然，这样日复一日处理问题也是人们对抗抑郁的方法之一。成功处理完一天的问题能让人产生希望；但只要是一点混乱，他们又会感受到一种完全混乱状态的威胁，而这种混乱状态往往是无法全部处理好的。

社会工作治疗

在许多专业工作中，我们是心理治疗师，虽然我们并不对潜意识作出解释。我们处理人们的抑郁问题，预防抑郁，帮助人们摆脱抑郁，我们是心理的护理人员。在精神病院，心理护理人员的烦恼在于太难取得成功了。幸运的是，我们却常常有获得成功的机会。心理护理人员的压力就在于要容忍失败，这是他或她工作的一部分。精神病院的心理护理人员一定会羡慕我们有成功的机会，因为我们所工作的群体中有一部分是处于抑郁末期的人，他们有自我治愈的倾向，而这种倾向往往可以通过我们做的一些小事得到帮助，加速治愈。同时，我们也必须认识到，在工作中，我们也可能面临严重的情况，也必须容忍失败，在一个确定的结果到来之前，我们也必须知道如何等待。

作为一名精神分析师，我在不停地等待这个问题上受过很好的训练。也有一些成功并不是字面所说的成功——当我们确信自己所做的一切都是值得的时候，就意味着成功，尽管也许那个男人最后又进了监狱，或者那个女人自杀了，或者孩子最终被送进了看护所，或者被判缓刑。

无望的精神病院病例和我们经常能够帮助的、有希望的抑郁之间有什么区别？两种案例在心理学上没有任何本质区别。住院的抑郁症患者数月甚至数年都做不了任何事情，只能用拳头捶着自己的胸脯悲叹："我好命苦啊！"她无法为某些特定的事情担心，因为她无法接近真正的原因。相反，她感受到的是无限的内疚，她一直忍受着这种痛苦，最后我们都因为她的痛苦而痛苦。有时她会说，她杀死了自己亲近的人，或者日本发生火车事故也是她的错。同她辩论这个问题是没有用的，那只是白费口舌。

另一方面，更有治愈希望的个案是，处于抑郁状态的女性会因为某些事情而抑郁，但这些事情是有意义的，比如她担心不能让房子保持干净。在这里，我们可以很好地理解到现实与幻想是交织在一起的；抑郁使她很难完成工作，而拖延工作又会使她抑郁。

如果抑郁表现为对某件具体的事情的担忧，那么这种抑郁的案例就有希望治愈。这给了我们一个可以进行工作的切入口。我们的工作并不是帮助这个女人找到她内疚感的真正来源——也许在几年的精神分析治疗中可能会做到这一点，我们所能做的就是在一段时间内，在每个人报告失败的节点上，给予一点帮助，这样做就传达了希望。

我想表达的观点是，当一个母亲的抑郁表现为担忧或困惑时，我们是有治疗方法的——我们可以解决这种担心或困惑。通常，我们不会通过这种方法来消除抑郁，我们能做到的最好的事情，就是打破一个恶性循环。在这个恶性循环中，混乱或对孩子的忽视会反过来强化抑郁。为了让自己思绪清晰，我们必须知道，麻烦的是抑郁情绪，而不是表面上的担心。当抑郁好转时，我们可以看到母亲能够处理好几个星期甚至几个月来困扰她的琐事，开始重新从朋友那里获得帮助。

随着抑郁的缓解，这位女士会告诉我们，这一切都是由于便秘，她服用了杂货店老板娘推荐的草药获得了有效的治疗。我们不要介意。我们知道我们在其中扮演了一个角色，这个角色间接地影响了这个女人的疾病，并通过影响她的潜意识而加强了她解决内心冲突的力量。

第七章 父母有抑郁症的家庭 71

临床案例

一个女孩来找我做分析性的治疗。我并不打算对她的抑郁倾向做长期的分析。她现在已经从精神病院出来了，她在那里住了一年，现在又回到了工作岗位，但很容易反复出现短暂的抑郁阶段。

最近她情绪低落，是她的新公寓的供暖问题导致的。她曾试图通过修补旧的设备来省钱，但现在她必须买一个新的。她怎么才能挣到足够的钱来生活呢？她看不到自己的未来——只能看到一场失败的战斗和一个孤独的生活。整个治疗单元里，她都在抽泣。

当她回到家时，她发现她的取暖问题已经解决了，她得到了一个新的加热器，而且还有人给她寄了一些钱。然而，对我们来说，重要的是，在她发现那个加热器礼物和钱之前，她的抑郁在她回家的路上消失了。当这些受人欢迎的礼物送来时，她又充满了希望，尽管她在这个世界上的现实状况没有发生根本的变化，但她对自己能够养活自己却不再怀疑了，而我曾分享了她绝望的那个阶段。

我认为，如果我们能够记住抑郁的沉重分量，记住它必须在抑郁者的内心自行解决，而我们只是试图为眼前迫在眉睫的问题提供一些帮助，那么我们的工作就会变得容易执行，也容易有回报。在我们的工作中有一个经济学的原理：如果我们在正确的时间做正确的事情，我们就可以做到我们应该做的事情；但如果我们尝试去做不可能的事情，那么结果就可能是我们自己变得沮丧，而情况仍然没有改变。

现在，让我再来举两个例子：

有一个家庭境况良好的人在我的诊所向我寻求咨询。他们有很强的家庭传统，一家人住在漂亮的房子和庭园里，还有各种物质上的优厚条件。家里有两个男孩，其中一个被带到我这里，因为他的父母发现他正在以一种错误的方式发展。他的举止很得体，但不知怎么回事，他失去了他的童年。

我想说的是，我和这两个男孩都见过几次，渐渐地我发现有必要让别人来照顾他们，而不是让他们的母亲来照顾他们。这位母亲正在处理自己的抑郁，她正在接受治疗，毫无疑问她会度过这个抑郁的阶段的。而我对这些孩子的治疗，到目前为止还算成功，却让这位母亲产生了一种可怕的失败感，她不得不让别人照顾她的两个儿子，这对她来说是一种创伤。她现在所做的就是担心她那完全正常的女儿。她现在让我也关注这个孩子（她的女儿）。重要的是，我要不时地让她知道，我已经从各个角度评估了这个女孩，我也愿意再重新评估一下这个个案，但目前我所看到的就是一个正常的孩子。

可能我表达出的任何怀疑都会被这位母亲翻译（理解）为让她焦虑的证据，即她自己真的一点都不好。而她当然是一个非常好的人，她和她的丈夫建立了一个家庭，这个家庭将会一直陪伴着所有的孩子，直到他们走过青春期到达独立，就是我们称之为成年人的生活。我写了这篇文章后，这位母亲就关注到了我，她现在正在接受治疗，比以前少了很多抑郁。她说："房子已经装修好了，这意味着某个房间的天花板上的裂缝现在不再是一个问题了。"这时小女孩走了进来，说："现在没有裂缝了，多好啊！"（她一直很担心这个裂缝。）我对那位母亲说："你的孩子显然已经注意到你的进步了。"

我的一个同事很长时间里都在抗拒和心理有关的问题。他是一个外科医生，我想他自己对此也很惊讶。有一天他对我说，他想让我看看他的孩子，因为他们看起来有很多症状。然后我看到的是一个健康的家庭，父母之间有很大的压力，但生活很稳定，这就足够了。这些孩子的症状与他们的年龄有关，我们知道孩子在两岁、三岁和四岁的时候会出现很多症状。我差一点儿就忽略了这个个案中的关键点，就是父亲的抑郁，他表现为对自己是否有能力做一个丈夫和父亲的怀疑。幸运的是，我及时发现了这一点，我对他说："这些孩子就是我所说的正常的孩子。"他获得了巨大的、持久的安慰，这个家庭也继续健康发展。

如果我在看到这些孩子生活中的焦虑和困难，以及他们父母之间的关系之后，就开始试图去处理它们，那将是灾难性的。我必须给自己设置一个有限的任务，在这种情况下，我认为应该做一件我必须做好的事情，而且它必须迅速地完成，不能拖延，这一点非常确定。我认为在当时，即使只是针对孩子做一项智力测试，或者任何稍带疑虑的表达，都会使这个个案的处理在很长一段时间内变成一个非常复杂的问题。我知道如果我建议孩子们接受心理治疗，这个男人的妻子会多么憎恨我。

在这一点上，我要请大家注意抑郁的程度，它是可以被个人控制的，而其他人不会受到严重伤害。这里，我也用一个个案来说明。

这个个案涉及一位在知识领域特别杰出的女性，她本可以在教育领域担任非常重要的职位，然而她选择了结婚，她抚养了三个孩子，是三个男孩，现在都结婚了；她有八个孙子孙女。可以说，她的一生是非常成功的，特别是在抚养孩子和建立家庭方面。她承受了丈夫的早逝，当成为寡妇时，她发现自己需要去工作以分散她的注意力并且养活自己，这样，她就能够避免过分依赖她的孩子。我碰巧了解到，这个女人每天早上都有非常严重的抑郁症状，这一直是她生活的一个特点。从早上醒来到她吃完早餐，让自己看起来像世界可以接受的样子，这个期间她都处于非常深的抑郁中，不仅哭泣，而且偶尔有自杀冲动的倾向。

可以这样认为：从起床到吃早饭的这段时间里，她病得和精神病院的许多抑郁症患者一样重。她遭受了极大的痛苦。毫无疑问，如果她没有患上这种疾病，她会把她的家人照顾得更好。然而，就她的情况而言，和其他许多人一样，抑郁已经成了一种可以被自我控制的东西，主要是她自己的感受，她尽可能地接受了她的生活就是这样的事实。在这一天早餐之后的时间里，人们对她的抑郁症状几乎一无所知，只知道她是一个非常有价值的人，看到她的责任感，而这正是孩子们的安全感所需要的。

然而，这些有抑郁情绪的普通人也是有朋友的。他们的朋友了解他们，喜欢他们，重视他们，因此也能够给予他们必要的支持。但是那些在交友和结交邻居方面也有困难的人怎么办呢？这种复杂性使得我们有必要介入，以一种专业的方式，提供与由朋友给予的同样的帮助，但是这种专业方式的帮助是在有限的范围内提供的帮助。这种破坏友谊的习惯性多疑，也常常会妨碍这个人利用我们专业的能力。或者，我们发现自己被当作朋友而被理想化，于是总能听到一些人被诋毁：要么是其他社会工作者，要么是地方当局，要么是住房委员会，要么是楼下的邻居，要么是姻亲。这是一个偏执狂系统，在这个系统中，我们恰好是被列在善恶分界线的善的一边，当我们被列为恶的一边时，我们就可能会被排斥。

抑郁心理学

最后，我简要介绍一下关于抑郁的心理学。当然，这是一个非常复杂的主题，而且抑郁有各种各样的类型：

重度抑郁症；
抑郁与躁狂并存（双相情感障碍，或躁郁症）；
抑郁，表现为否认抑郁（轻躁狂状态）；
慢性抑郁，或多或少伴有偏执性焦虑；
正常人的抑郁阶段；
反应性抑郁，与哀伤有关。

所有这些临床状态都有一些共同的特征，最重要的是，抑郁表明个体正在为人性中具有攻击性和破坏性的因素承担责任。这意味着抑郁的人有能力抱持一定程度的内疚感（关于某些主要在潜意识中的内容），也让他们有四处寻求建设性活动的机会。

抑郁是个体情绪发展中成长和健康的证据，如果个体的情绪发展在早期阶段没有令人满意地完成，个体不会感受到抑郁。联系"关爱能力"的发展进行表述，也许会表达得更清楚一些。如果在个人成长中一切顺利，也只有当一切顺利时，孩子才会在某个阶段开始关注自己，也开始关注爱的结果。爱不仅仅是情感的触碰，爱还必须伴有生物性的本能冲动，而婴儿与母亲（或父亲或其他人）之间发展的爱的关系中则带有破坏性的想法。不存在没有任何破坏性的想法、纯粹自由而完全的爱。伴随爱而来的这些破坏性的想法和冲动会让人产生内疚感，进而形成给予和修复的冲动，以及以一种更成熟的方式去爱的冲动。（当然，"爱"与"被爱"是平行的。）寻找建设性活动的机会是个人成长中不可缺少的一部分，它与内疚感、怀疑和抑郁的能力密切相关。

然而，这些心理动力大多是无意识的，抑郁作为一种情绪反映了这一事实，即它们大多是无意识的。攻击性和破坏性是人性的一部分，在人际关系中，有时被称为矛盾心理——当这些东西融入个体发展中，但却被深深压抑，并且被隔离、难以触碰时，我们就会患上抑郁症，形成一种疾病。在这种疾病中，除非通过长期而深入的精神分析治疗，否则内疚感就会造成严重后果——不再有它本来的功能。

然而，要记住，因为抑郁和健康是并存的，所以抑郁会倾向于自我治愈，通常来自外界的一点点帮助就会带来改变，使一切变得不同，就能够帮助消除抑郁。这种帮助的基础是接受抑郁，而不是急切地想要治愈它。只有在个体愿意让我们看到能够提供帮助的地方，我们才有机会提供间接帮助，记住我们真正要做的是抑郁患者的心理护理。

[1958]

第八章　精神障碍对家庭生活的影响

我先解释一下"精神障碍"这个词对我而言的含义。精神障碍是一种心理疾病，它不是神经症。在某些情况下，它有躯体基础（如动脉硬化）。有这种疾病，意味着这些人还没有健康到足以成为精神病性神经症患者。如果用精神障碍表示"病得很重"，而神经症意味着"有些生病了"，理解起来就简单了，但复杂之处在于，健康人可以与精神障碍患者打交道，而不愿意与精神病性神经症患者打交道。精神障碍比神经症更接地气，更靠近人类人格构成和存在本身，如果我们只剩下理智的话，那确实很可怜（引用我自己的话）！

精神障碍是关于精神分裂症、躁郁症以及或多或少带有偏执状态的抑郁症的通俗说法。任何一种疾病和另一种疾病之间都没有明显界限，例如，经常出现的情况是：一个强迫性的人，变得抑郁或混乱，然后又回到强迫性的症状上去了。在这里，精神病性神经症的防御转变为精神病性的防御，然后又转变回来，或者精神分裂患者变得抑郁。精神障碍代表了一种防御的组织，而在所有防御体系的背后都有混乱的威胁，事实上这就是一种整合崩溃的状态。

精神障碍对家庭生活的影响可以从实际案例中清楚地表现出来。关心这些问题的人都很清楚，许多家庭之所以破裂，是因为其中一个家庭成员是精神病性的，他让家庭产生了无法忍受的压力，如果这种压力得到缓解的话，这些家庭中的大多数可能会保持完整。这是一个巨大的实际问题，迫切需要采取预防措施，特别是为儿童提供精神病院式的护理。我的设想是设置一个居住中心，孩子们可以无限期地住在那里，在那里他们可以接受精神分析师的日常治疗，当然这些精神分析师同时也可以治疗其他类型的病人，包括成年人。

精神障碍所带来的问题总是与其他问题融合在一起：原始的精神缺陷、身体缺陷（如痉挛性双瘫和相关疾病）、脑炎的后遗症（令人高兴的是，现在这种疾病不那么常见了），以及被剥夺的反社会倾向的各种临床表现形式。然而，我这里要讨论的精神障碍是因为早期情感发展紊乱，而大脑的生理构造是完好无损的情况。精神障碍在某些情况下遗传性倾向很强，而在另一些情况下却没有明显的遗传迹象。

我从一个观察多年的案例开始，按实呈现：

一个很男性化的女人生了一个男孩，这个男孩很像他的父亲。他的父亲非常依赖妻子，很少做决定，也很少承担责任。虽然如此，这位父亲却是某个专业领域的专家，并且可以用自己的专业造诣赚很多钱。

这个男孩表现出了良好的头脑和精神障碍倾向的早期迹象，但他的疾病没有被及早发现，因为每一个迹象都被视为他的父亲童年特征的再现。祖母总是说："他爸爸小时候也是这样的。"例如，男孩以精神障碍患者特有的方式来到客厅对祖母说："你把裤子弄脏了。"其实是男孩把自己的裤子弄脏了。他的父亲小时候也会把事情搞反，而且也说过同样的话。

父亲以自己的专业造诣获得社会成就，而男孩却做不到。例如，男孩可以对伦敦的交通信号进行三十八种分类，却没有发展出对自己有价值的专业。他不会做算术，因为他不知道数字"1"是什么意思。如果幸运的话，他有可能跳过简单的算术求和直接跨入高等数学领域，或者他可能会成为一个国际象棋天才，但他都没有。

他现在已经三十岁了。他的父母不得不面对眼前的问题，也要面对未来。他们为了留钱照顾他而努力积蓄。他们也不敢再生孩子。更重要的是，他们原本可以先让自己长大，就像其他人做的那样；一段时间后他们也许更适合分开，并且各自开始一段更为成熟的婚姻。但是这个有精神障碍的孩子把这两个负责任的人捆在一起陷入了困境，而且他们无处可逃。

在介绍这个案例的病史时，我无意中提到一些个人对婚姻和再婚的看法。有些人真诚地相信成长是件好事；这些人错过了青春期，如果有必要的话，他们会在中年的某个时候再次经历青春期[①]。但问题是：这样成长的好处能够抵消多少痛苦呢？当精神障碍或其他类似的障碍占据主导地位时，除非当懦夫，否则人们就只能选择继续应对它，别无他法。

这里另有一个长程个案：

我曾给一个男孩做过咨询，他是一个独生子，出生时就有大脑损伤。在咨询的时候，他被认为有心智缺陷，但很多时候他又表现得很聪明。他在八岁左右开始阅读，因为当时照顾他的一个护士说，要让他阅读，即使这可能对他造成伤害。能够阅读是很重要的，这让他的父母心里放松了很多。

---

① 关于青春期主题更详细的讨论，见本书第六章"家庭生活中的整合性因素和破坏性因素"。

这个男孩在很小的时候就开始出现问题，现在已经二十岁了。他的出生可能就是个错误。我猜想他的父母从来没有想过要孩子，或者他们并没有做好准备，孩子就出生了。这一对父母之前的生活完全被工作、马匹和其他事情占据着，他们的理想生活是工作日的几天几夜都持续在办公室里工作，周末就回到英格兰中部一间整洁的小公寓里，过着原生态的生活，到处是狐狸和狩猎舞会。这是这两个人在孩子出现之前的生活。

现在，他们的生活中出现了一个患有精神障碍的儿子，他总在夜晚尖叫，把一切搞得又脏又湿，他对社会毫无用处，他怕狗，也不肯骑马。生活完全无法正常进行下去。

这两个善良的人不得不为了适应孩子而作出最大限度的调整，当然，并没有哪种生活适合这个孩子。为了给他治疗，夫妻俩牺牲了很多，但并没能使孩子痊愈。父亲在事业鼎盛时过早地死于中风，母亲束手无策，只能独自承担起抚养这个男孩的责任。一所学校伸出了援手，让男孩留在学校，尽管他无法成为一个成熟的、可以承担责任的人。最糟糕的是，这个男孩是一个非常可爱的人，任何人都不希望去伤害他。他永远需要像一个五岁孩子那样被关注，但对任何人来说，永远给予关注都不是件容易的事情。

现在，我来分享一个更有希望的案例：

一个小男孩，他有一对责任心很强的父母。似乎是在母亲怀孕的某个时刻，孩子的发育过程开始倒退而不是向前发展。一种完全的儿童期精神障碍就这样发展出来了，一直持续到现在，男孩依旧存在缺陷。

在这种情况下，需要考虑安排心理治疗，而且这类治疗已经被证明是相当有效的。父母做了一切可能的事情来支持治疗并耐心等待结果。但如果不是社会提供了援助，不是医院提供了专业的服务人员，这个家庭就不可能维持下去。截止到现在已经有两年的时间了，孩子每周都会在特定的时间坐车前往三十二公里外的地方进行治疗，然后再回来。这个过程虽然花费巨大，但肯定是有回报的。

在这个特殊的案例中，这个家庭只能忍受这个孩子的疾病。在这里我要说明的是，对一个孩子的成功治疗可能会给父母中的一方或双方带来创伤。潜伏在成年人身上的精神疾病本来隐藏得好好的，在沉睡着，但因为孩子发生了深刻的变化（变得健康或好转）而突然活跃起来，并开始需要得到识别和关注。

在下面这个案例中，患病的孩子被寄宿学校接收了：

一个公立学校的校长因为自己的儿子，几乎毁了整个事业。

这个男孩是几个孩子中最小的一个（大一点的孩子们都正常），他出现了一种很严重的混乱状态，让他无法在自己父亲的学校学习，也无法在他住宿的学校生活，并且这种情况一直在持续，他完全不能安静，整天焦躁不安，令人无法捉摸。

他的母亲本可以照顾他——如果他是一个正常孩子的话。但她年纪太大了，照顾不了这样一个完全安静不下来的孩子。父亲要继续他的教育研究和他的学校工作，所以只是远远地观望，就像倒拿着望远镜观望一样。

这位母亲有着强大的动力，她总是努力帮助像她一样陷入困境的父母。如果不是一个学校接收了这个男孩，并且接受了他本来的样子，没有对孩子有过多的期待，这个家庭早就破裂了。这个男孩现在快二十岁了,仍然在这个学校里。

越来越多的寄宿学校倾向于希望学校里的男孩和女孩表现良好,否则,这些学校就得变成专为适应不了环境的孩子设计的了。这个男孩没有不适应环境,也没有反社会倾向;他感情充沛,并且总是期待着被喜欢。但他经常是混乱的,最好的情况也止于他可以组织起几个解离了的人格碎片。他能够接受治疗吗?我见过他几次,他每天都来找我或我的一个同事,但我找不到任何地方可以安置他。

诸如此类的案例之所以不容易对它们进行工作,是因为他们没有反社会倾向的性质。反社会倾向会一直持续下去,直到有权威给他们建立边界,在他们周围设限,无论是情感上的限制还是身体上的。而这个男孩的疾病只是在逐渐消耗家庭能量,他甚至从来没有在尝试、成功或失败中获得丝毫快乐或任何益处。

在这样的家庭里,其他的孩子会想着尽快逃离,上了年纪的父母则会垂头丧气,担心他们衰老后会发生的困境。即使是父母自身的某些因素导致了孩子的疾病,这也没有什么区别。通常情况就是这样。但这种破坏既不是故意的,也不是有规律可循的。它只是发生了。

一个北部地区的教授和他的妻子有一个很好的家庭,一切都很好,直到发现他们的孩子患有儿童精神障碍,这个发现打破了这份美好。而这是由未被发现的婴儿期克汀病引发的。他们根本无法应对他们女儿的精神疾病。

在这种情况下,我很幸运可以借助与一位儿童事务官员的友谊——结果这个女孩很快就找到了一个寄养家庭,一个位于英格兰南部乡村的工人阶级家庭。这个家庭可以接收在疾病恢复期、已经退行但是处于发展中的孩子。教授的家庭被这种安排拯救了,教授也得以继续他的事业。让我感兴趣的是,父母和养父母的社会地位差异似乎并不重要,对这个小女孩来说,重要的是没有人期望她在学业上表现出色。此外,我也很高兴原生家庭和寄养家庭之间有这样远的地理距离。

类似复杂的情况会经常出现,以至于父母会对孩子的状况感到内疚。他们无法解释出现这种情况的原因,但他们无法将孩子的状况与设想中的惩罚分开。养父母就没有这种负担,所以他们更容易接受孩子粗鲁、古怪、无节制的退行和依赖。

无论这多么显而易见,我还是想再次指出:我们不应该让任何家庭因为孩子或父母的精神障碍而分崩离析。无论如何,我们都应该帮助他们减轻焦虑,而这是我们目前常常做不到的。

我也不知道为什么脑海中浮现的大多数个案都是男孩。这只是巧合吗?还是女孩们有什么办法能更好地隐藏自己、伪装自己,让自己看起来更像一个母亲,并一直维持着自己的母亲身份,就像她们的肚子里有一个未出生的婴儿一样?我认为这个理论是有一些道理的:女孩可以比男孩更好地通过假自体来逃避真相,她们比男孩子更会顺从和模仿;也就是说,女孩更知道如何避免自己被带到儿童精神科医生那里。只有当女孩患上神经性厌食症或结肠炎,或在青春期变成一个讨厌鬼,或者在成年早期出现了抑郁时,精神科医生才有机会发挥自己的作用。

一个十三岁的女孩被带到了一百六十公里外的地方来找我,是由地方政府送她来的,除此之外已经没有什么人可以帮到她了。我在候诊室里看到的是一个疑心很重的女孩,她的父亲感觉随时会在我面前爆炸。我必须迅速采取行动。我告诉那个父亲等一等（可怜的男人！），然后跟那个女孩谈了一个小时。用这种方式，我选择了站在她这边，因此我可以和她建立深层次的联结，并且持续了很多年，直到现在依然还在。我不得不与她合谋对自己家庭的偏执妄想。这些妄想被包藏于她家庭中发生的事实里，而这些事实很有可能是真实发生的。

一个小时后，她让我见她的父亲。她的父亲一副高高在上的样子，并且一直处于防御状态，他是当地政府的重要人物，他的地位被这个女孩告诉大家的话彻底摧毁了。父亲的政治地位使当地政府几乎不可能按照他们的想法来处理问题，事实上，这个问题也没有明确的答案。

我唯一能做的就是给出建议，这个女孩一定不要再回家了。因此，她在一个很好的女主人家里生活了一两年，在那里她很快乐，而且她得到了信任，女主人让她照顾小孩子。

然而，最后女孩还是回家了。女孩很可能是与母亲的无意识存在联系，双方都是无意识的；但不久问题又重新开始了。

后来我听说她被送到一所监管学校，有很多年轻的妓女也在那个学校里。她在那里待了一两年，但没有成为一名妓女，因为她不是一个被剥夺的有反社会倾向的儿童。但她周围那些被迫操皮肉生涯的女孩常常嘲笑她没有经历过街头生活。

但这个女孩仍然非常偏执。她产生了嫉妒的情绪，然后她逃跑了。她最终被送到了一个收容不适应社会人士的收容所，在那里她成了一名护士。她会随时打电话给我，告诉我她在医院遇到了麻烦。护士长和同事们都很好，她们都很认可她的工作，病人们也喜欢她；但总是有些错误会让她陷入困境——她为了得到这份工作而撒的谎，过去没有支付的各种健康和失业基金的款项——但她明白，这些问题我也无能为力，最终她会挂断电话；然后，同样的故事发生在另一家医院，带着同样的绝望。她常常忧心忡忡，基于我跟她的关系，我对她说："你不要再回家了。"但是，住在女孩家附近的人是不会这样说的，因为这当然不是一个糟糕的家，如果女孩不再偏执，她就会觉得她的家还算过得去。

父亲或母亲的精神疾病常常使人感觉挫败，因为生病的人仍然要负起责任。由另一方健康的家长来抚养孩子听起来很有道理，但并不总是如此，很可能健康的家长会为了保持自己的理智而逃离家庭，即使这样做的代价是把孩子留给这个有精神疾病的家长，让孩子处在病态的控制之下。

接下来的案例中，父母双方都有精神疾病：

> 一个家庭中有一个男孩和一个女孩，他们的年龄只相差一岁，女孩更大一点儿，是姐姐。这本身就是一场灾难。他们是两个精神疾病患者的孩子。父亲在商场上非常成功，母亲是一名艺术家，她牺牲了自己的事业，选择了婚姻。这位母亲不适合做母亲，因为她是一个隐性的精神分裂症患者。她鼓足勇气结了婚，并且生了这两个孩子，为的是能够使自己在家庭中完成社会化。她的丈夫是一个有躁郁症特质的人，近乎精神病患者。
>
> 男孩比姐姐先出现症状。从婴儿时期开始，只有当这个男孩是"干净"的时候，母亲才能忍受得了他，因此对婴儿期的男孩来说，母亲毫无用处。她对儿子的爱是猛烈而持久的，尽管据我所知她没有任何躯体上的行为，但男孩在青春期出现了精神分裂式的崩溃。女孩则对父亲有着强烈的依恋，这深深影响着她，也

给了她第二次机会：在此基础上，女孩一直到四十岁，父母都去世了，她才崩溃。与此同时，她成了一名成功的商人，在父亲去世后继承了父亲的事业。她瞧不起男人，认为"没有理由认为男人是有优越感的"，她在工作中证明她什么都不缺，而她弟弟却缺男人所需要的一切。弟弟结了婚，有了家庭，然后摆脱了他的妻子，这样他就可以像母亲一样照顾孩子了，并且他做得很好。

最后，所有的过去都被抹掉了，这个病得很重的人——姐姐——带着一个成功的假自体来寻求治疗。她寻求治疗是为了有能力崩溃，为了发现自己的精神分裂症，并且她成功地做到了。我对把她转诊到我这里来的医生并没有很深刻的印象，但在开始治疗之前，我给那个医生写了一封信，告诉他，如果治疗进展顺利，她就会崩溃，并且需要照顾。

她证明了自己患有精神分裂症，然后迅速让自己振作起来，接着在自己要接受电击治疗和脑白质切除手术前，让自己病好了，随即办理了出院，显然这些治疗是她所厌恶的。

这就是父母的精神障碍在两个非常聪明的孩子身上所起的作用，这两个孩子现在已经接近四十五岁了。女孩可能部分实现了作为一个真实的人的生活，但我并不能确定。

如果我再次遇到这样的病例，我会明智地让其他人来负责帮助病人，使其崩溃。但我也很高兴目睹了这样的崩溃给一个建立了极端虚假自体的人带来的解脱。

问题是：我们可以从这个简短的案例描述中学到什么？关键在于，需要等到父母去世，这个女孩才能成为一个独立的个体，才有可能得到解脱。等待的代价是巨大的；除了通过视觉艺术和音乐偶尔瞥见的真实世界之外,她感到一切都是无用的,都是不真实的。

这是一件可怕的事情,但却是事实:有时孩子只有在父母去世后才会有希望。在这些案例中,父母患有精神障碍[①],并且父母的精神疾病对孩子的控制是如此之强,以至于唯一的希望就是发展出一个虚假的自体;当然,在发展出假自体前,孩子可能会先"死"去,但无论如何,孩子真实的自体保留了它的完整性,并且隐藏起来,不受侵犯。

这些案例揭示了在临床工作中某种无法避免的绝望。有时,当我们面对严重的疾病时,我们不得不听之任之,一直等到这个家庭不堪重负而分崩离析;有时,我们的任务就是在事情进一步恶化之前打破现在的局面;而在其他案例中,我们可能会试图处理现有的混乱。我们常常看不到任何希望,这是需要我们能够接受的,因为如果我们自己被绝望所俘虏,我们对任何人都不会有任何帮助了。

[1960]

---

① 参见本书第九章"有精神病障碍的父母对儿童情感发展的影响"。

第九章　有精神病障碍的父母对儿童情感发展的影响

在前面的章节中，我们讨论了精神障碍对家庭生活的影响，大多数病例都是根据儿童精神障碍所造成的问题进行描述的。现在我想进一步探索父母的精神障碍对孩子情感发展的影响和对家庭的影响。

作为本章的开始，我将试着呈现一位十一岁女孩写的一首诗有多美。我不能在这里重现这首诗，因为它已经在其他地方以女孩的名字发表了，但我可以简单介绍一下：这首诗用一系列简洁的短句描绘了一个幸福家庭中完美的生活画面。诗中所传达的信息主体是一个由不同年龄的孩子组成的家庭，孩子们之间彼此陪伴，他们之间存在嫉妒，但又能彼此容忍嫉妒，这个家庭因为自身的活力而保持着有规律的生活。最后，夜幕降临，小作者将气氛的营造交给小狗和猫头鹰以及屋外的世界，而屋内的世界一直是安静的、稳固的。这首诗让人觉得，它一定直接来源于这位小作家的生活。不然的话，她怎么可能描绘得出这些细节呢？

埃丝特的故事

这位十一岁的小女孩作家叫埃丝特（Esther），我接下来要讨论的问题是：埃丝特的成长背景是什么样的？我知道的是埃丝特被一对有才智的中产阶级父母收养，他们还收养了一个儿子，现在又收养了另一个女孩。父亲对埃丝特一直很用心，始终可以很敏锐地理解她。令人好奇的是，这个孩子的早期经历是什么样子的？她是如何写出诗中宁静且充满生活情趣的气氛和细节的？

据说埃丝特的生母是一位非常聪明的女人，精通几种语言；但是她的婚姻失败了，然后她过着"流浪汉"式的生活。埃丝特就是在这种情况下出生的私生女。在埃丝特出生的最初几个月里，她的母亲完全依靠自己抚养埃丝特。母亲是家里众多孩子中最小的一个。在她怀孕期间，有人建议母亲以志愿者的身份接受心理治疗，但她没有接受这个建议。孩子一出生，母亲就哺乳照顾，事事亲力亲为，一份社会工作者的报告描述她崇拜自己的孩子。

这种情况一直持续到埃丝特五个月大。之后，母亲的行为开始变得异常，看起来疯疯癫癫、神志不清。一天清晨，经过一个不眠之夜，她在运河附近的田野里游荡，看到一个退役警察在挖掘什么。然后她走到河边，把孩子扔了进去。这名退役警察立即救出了婴儿，婴儿没有受伤，但婴儿的母亲因此被拘留，随后被证实患有偏执型精神分裂症。于是，埃丝特在五个月大的时候被当地政府收养，后来在托儿所生活，她被描述为"很难照顾的孩子"，她在那里一直待到两岁半才被领养出去。

在埃丝特离开托儿所的最初几个月里，养母不得不忍受各种各样的麻烦，对我们来说，这意味着孩子还没有放弃希望，没有进入服从状态。养母被埃丝特当作曾经丧失的东西，咬、拒绝、推出门、偷窃和憎恨，除此之外，她还会躺在街上尖叫。后来情况逐渐有所好转，但当埃丝特被领养五个月后——也就是她快三岁的时候——一个六个月大的男孩被这个家庭收养时，她的症状又出现了。

这个男孩是被领养的，但埃丝特从来都不认为自己是被领养的。埃丝特不允许她的养母被男孩称为"妈妈"，也不允许任何人称养母为男孩的"妈妈"。埃丝特变得非常有破坏性，但她又非常保护那个男婴。当养母明智地允许她做一个像男孩一样的小婴儿，像对待六个月大的孩子一样对待她时，埃丝特的转变就来了。埃丝特建设性地利用了这段经历，并开始了她作为"母亲"的新旅程。

与此同时，她与养父发展出了一种非常好的关系，这种关系一直在持续。然而，与此同时，养母和埃丝特不断发生各种冲突，由于她们之间的争吵，一位精神科医生建议当时五岁的埃丝特离开家一段时间。当我们回头再看当时发生的事情时，就知道也许这是一个糟糕的建议。

这位父亲对女儿的需要总是很敏感，他帮助女儿再次回到了家。但就像他说的，这个孩子对寄养家庭的完全的信任感已经消失了。这个男人（养父）似乎成了埃丝特的母亲；也许他后来患上的偏执症可以追溯到这个源头，在他的妄想中，他的妻子以女巫的角色出现。

尽管养父母之间的关系一直很紧张，但埃丝特还是在稳定地发展，养父母后来分开了，两人之间还产生了持续不断的法律纠纷。还有一个事实是，养母总是公开地偏爱收养的男孩，而男孩也发展得足够好，可以用他的爱直接地回报她。

简而言之，这就是这首诗的作者埃丝特悲伤而复杂的故事，虽然这首诗里呈现的是充分的安全感与美好的生活氛围。让我们继续探讨这个个案所带来的一些启示。

像埃丝特的亲生母亲那样病得很重的母亲，也可能给她的孩子一个特别好的开始；这并非完全不可能。我认为埃丝特的母亲不仅给了孩子令人满意的母乳喂养体验，而且还给予了婴儿在最初阶段所需要的自我支持，而这种支持只有在母亲完全认同她的婴儿的情况下才能给予。这位母亲很可能与她的孩子高度融合。我猜她后来是想摆脱和她融合在一起的孩子，因为她看到了一个新的阶段在她面前若隐若现，但她无法处理这个新阶段，在这个阶段，婴儿需要和她分离。她将无法满足婴儿在这个新的阶段的发展需求。她可以把孩子扔了，但她不能和自己的孩子从完全融合的状态中分离。

在这个女人把婴儿扔进运河的时刻，内心会有很深层次的力量在起作用（首先，选择一个时间和地点，让孩子肯定能够获救），她在试图处理某种强大的潜意识冲突，比如，举个例子，她害怕自己在与孩子分离的那一刻有吃掉孩子的冲动。尽管如此，那个五个月大的婴儿在被扔进运河的那一刻，就已经失去了一个理想的母亲，一个还没有被撕咬、被抛弃、被推出去、被撬开、被偷走、被憎恨，以及拥有毁灭性的爱的母亲；但其实，一个理想的母亲已经被保留在孩子的理想化中了。

在接下来很长一段时间，我们都不知道埃丝特的生活中具体发生了什么，除了她被送去托儿所，在那里她仍然很难相处，这也说明了她仍保留着某些最初的美好体验。她并没有进入到服从的状态，而服从就意味着她已经放弃了希望。养母出现的时候，发生了很多事情。自然地，当养母开始有意义的时候，埃丝特也开始利用养母来弥补她曾经错过的东西：咬人、拒绝、推开、偷窃、憎恨。当然，在这个时刻，养母需要——而且非常需要——有人告诉她，她在做什么，可以有什么期待，要为自己做些什么准备。也许有人试图让养母知道发生了什么，但我们没有记录可以参考。她接管了一个失去了理想母亲的孩子，这个孩子在五个月到两岁半之间有过混乱的经历，当然，她照料的这个孩子和她之间缺乏从早期婴儿照料中获得的基本联结（类似于早期的母婴联结）。事实上，养母和埃丝特的关系一直不太好，尽管她很容易就与她后来领养的男婴处理好关系。后来养母又领养了一个女孩，也就是第三个孩子，她反复对埃丝特说："这就是我一直想要的孩子。"

在埃丝特的生活中，父亲是善良的，或者说父亲是埃丝特理想化的母亲，这种情况一直持续到养父母的家庭破裂。也许正是这一点导致了家庭的破裂：父亲越来越被迫为孩子提供所需要的母爱，养母也越来越被迫成为孩子生活中的迫害者。这个问题破坏了养母本来令人满意的生活，要知道本来她和她的养子及第二个养女相处得很好。

埃丝特显然继承了她的母亲在语言方面的兴趣和天赋，以及她母亲的智慧，并且我想没有人会说埃丝特有任何精神疾病。然而，她遭受着剥夺，因此她出现的问题之一是强迫性偷窃。她也出现了学习上的问题。她和养母生活在一起，养母对她的占有欲越来越强，以至于她几乎不可能接近父亲；与此同时，这位父亲变得很难相处，并且发展出了严重的精神疾病，开始有偏执性妄想的表现。

养父母知道埃丝特的母亲有精神病，也就是说，埃丝特的母亲是一名确诊的病人，但他们没有被告知太多细节，因为当时的精神科社工意识到，这会让养父母担心埃丝特会遗传母亲的精神疾病而拒绝收养。有趣的是，在这种情况下，对精神疾病遗传的担忧似乎让人们忽略了更严重的问题，即在寄养开始之前，在寄宿托儿所生活期间对孩子的影响。在埃丝特的案例中，从孩子的角度来看，这段时间毫无疑问是一种混乱状态，而这段时间本应该非常简单纯粹，而且是真正属于婴儿自己的时间。

第九章　有精神病障碍的父母对儿童情感发展的影响

精神疾病

父母的精神障碍不会造成儿童的精神障碍——病因学并没有这么简单的对应关系。精神障碍不像黑头发或血友病那样直接遗传，也不会通过哺乳的母亲的乳汁传给婴儿。它不是一种疾病。对于那些对人不感兴趣而对疾病感兴趣的精神科医生来说，他们将它称为精神疾病，只是为了让理解相对要容易一些。但是，我们这些人更倾向于认为精神病人并不是由什么疾病造成的，而是在发展、适应和生存的斗争中受到伤害造成的。我们的任务因此变得无限复杂。当看到一个精神障碍患者时，我们会想："要不是上帝的恩典，我也可能是这样的。"我们了解这种障碍，因为看到过很多夸张的案例。

有些分类方法能帮助我们区分各种类型的疾病。首先，我们可以将精神障碍的家长分为父亲和母亲，因为有些影响只与母婴关系有关，这种影响往往开始得很早，如果这些影响与父亲有关，则很可能是因为他扮演了替代性母亲的角色。这里我们注意到，父亲还有另一个更重要的角色，在这个角色中，他使母亲具有某些人性的特质，从她身上抽走了原本具有魔力的、会强烈破坏母亲母性的元素。父亲也有自己的疾病，我们可以去研究这些疾病对孩子的影响，但这些疾病不会影响到孩子最初的婴儿期生活，因为，婴儿必须长到足够大，能够认识到父亲是一个男人，父亲的疾病才会对婴儿产生影响。

然后，我会在临床上将精神疾病大致分为躁狂抑郁型精神病和分裂样精神障碍，分裂样精神障碍一直延伸到精神分裂症本身。伴随这些障碍的是不同程度的迫害妄想，或与疑病症交替出现，或表现为普遍的偏执性过敏。

现在，我们以最严重的精神分裂症为例，看看可以如何朝着临床痊愈的方向努力（排除精神病性神经症，在这里它与我们无关）。

如果我们观察精神分裂症患者的特征，我们会发现，他们在内在现实和外在现实之间，在主观臆想和客观感知之间，没有清晰的界限。病人存在非真实的感觉，有非现实感。并且，精神分裂症患者比正常人更容易与他人或事物融合，他们更难以感受到自己是一个独立的个体。此外，我们注意到，对精神分裂症患者来说，建立一个身体—自我的基础是相对失败的，心灵与躯体和身体机能没有明确的联系，心灵—躯体的工作关系或伙伴关系并不好，也许心灵的边界与身体的边界并不完全一致。另一方面，智力的发展过程可能会失控。精神分裂的男人和女人不容易与他人建立关系，当他们与外部客体，或者通常意义上的真实客体建立关系时，他们也不能很好地维持关系，他们用自己的方式建立关系，而不会参考别人的意愿来建立关系。

把孩子从生病的父母身边带走的必要性

我还希望指出另外一点：在我的实践中，我一直认为存在这样一种类型的案例，在这类案例中，让孩子离开父母是必要的，尤其是离开精神障碍或严重神经症的父母。有很多案例可以说明这个问题，在这里我简单描述其中一个：一个患有严重厌食症的女孩。

当我把这个女孩从她母亲身边带走时，她才八岁。一离开她的母亲，我们就发现她变得很正常。她的母亲处于一种抑郁的状态，因为她的丈夫在战争中参军服役而缺席了她们的生活。每当这位母亲变得抑郁，女孩就会开始厌食。后来，这位母亲生了一个男孩，男孩也出现了同样的症状，以此来防御母亲通过给孩子填塞食物来证明自己价值的疯狂需求。这次是女儿带着弟弟来治疗。但我无法让男孩也离开母亲，即使是很短的一段时间。他还无法完全独立于母亲来建立自己的自体。

事实上，我们常常不得不接受这样一个事实：这个或那个孩子被父母的疾病所困，无可救药，而我们对此也无能为力。我们必须认识到这些情况的存在，以保持我们自己的理智。

父母的这些精神病性的特征，尤其是母亲，会以各种方式影响婴儿和儿童的发育。然而，必须记住的是，孩子的疾病是属于孩子的，尽管病因学认为环境的失败会对孩子的疾病产生很大的影响。即使有环境因素的影响，儿童也还是有可能找到一些健康成长的方法，又或者尽管有良好的护理，儿童也可能会生病。当我们安排一个孩子远离精神病性的父母时，我们能带着希望与这个孩子一起工作。但我们很少发现，只要把孩子从生病的父母身边带走，孩子就会恢复正常，就像上面提到的个案一样。

"混乱"的母亲

当母亲处于一种非常令人不安的状态里，这种状态已经严重影响到孩子的生活时，我们就说，这种情况下母亲处于一种混乱状态——事实上这也是一种有组织的混乱状态。它的实质是一种防御：一种混乱的状态已经能够建立起来并得以稳定地维持，无疑是为了隐藏某种持续产生威胁的更严重的潜在的失整合。以这种方式生病的母亲的确很难相处。这里有一个案例：

> 一位和我一起完成了长时间精神分析的女病人的母亲，可能是一个人所能拥有的最难相处的生病的母亲。她的家庭看上去很不错，父亲为人稳重、和善，家里还有许多孩子。所有的孩子都或多或少受到母亲精神病状态的影响，这和母亲与母亲的母亲（外婆）之间的状态非常相似。
>
> 这种有组织的混乱迫使母亲不断地把一切都分解成碎片，给

孩子们的生活带来无穷无尽的干扰。在所有方面，尤其是语言表达上，这位母亲一直在把我的病人弄得糊里糊涂，除此之外她也没做过什么其他事情。这位母亲并不总是坏的；有时她也是一个很好的母亲；但她总是因为焦虑和不可预测的创伤性行为而把一切都搞得很糟糕。在和孩子说话时，她总是使用双关语和无意义的押韵、广告中的歌和半真半假的事情、科幻小说和一些伪装成想象的事实。她对孩子造成的破坏十分彻底。孩子们都很不幸，而父亲则软弱无力，只能埋头工作。

抑郁的父母

抑郁症有时是一种慢性疾病，让父母缺乏可用的、有价值的情感支持，有时也是一种阶段性表现出来的严重疾病，可能会导致关系破裂或者突然疏远。这里所说的抑郁，与其说是一种精神分裂性的抑郁，不如说是一种反应性抑郁。当婴儿需要母亲全身心地关注自己时，突然发现母亲专注于其他事情，那些可能只属于母亲个人生活的事情时，这会让婴儿感到严重不安。在这种状态下，婴儿会感觉自己被狠狠抛弃了。下面的案例表明了这一因素对婴儿晚期的影响，婴儿当时的年龄是两岁。

托尼（Tony）七岁来我这里时，患有严重的强迫症，距离变成一个危险的变态者仅一步之遥，事实上，他已经玩过勒死妹妹的游戏了。在我的建议下，他的母亲跟他讨论了关于他失去母亲时的感受，随后这种强迫就停止了。这种失去母亲的感觉是早年间几次分离的结果。最糟糕也是最重要的一次分离，是因为男孩两岁时母亲出现了抑郁。

母亲处于急性抑郁期时，完全地切断了她和男孩的联系，随后的几年里，只要她的抑郁复发，都会比其他任何事情更容易导致托尼重新开始对绳索联接产生强迫性的症状。对托尼来说，绳子是他最后一根救命稻草，可以把看似分离的东西连在一起[1]。

这是在一个良好的家庭中，一个优秀的母亲在慢性抑郁症的发作期所带来的剥夺感，这种剥夺感反过来又引发了托尼的症状。

一些父母躁郁的情绪波动是孩子烦恼的来源。令人惊讶的是，即使是很小的孩子也能学会揣度父母的情绪。他们每天从早到晚都在做这件事情，他们甚至所有时间都盯着母亲或父亲的脸。我想之后他们也会这样看天空或者听BBC的天气预报。

> 举一个四岁男孩的案例。这是一个非常敏感的男孩，气质上很像他的父亲。在我的诊室里，他在地板上玩火车，他的母亲和我正在谈论他。他头也不抬地突然说："温尼科特医生，你累了吗？"我问他为什么会这样想，他说："因为你的脸。"
>
> 由此可知，他在走进房间时，显然已经仔细地观察了我的脸。其实我当时的确很累，但我并不希望表现出来。他的母亲说，揣度别人的感受是他的特点，因为他的父亲（一个优秀的父亲，一个全科医生）就是一个想交朋友之前必然好好揣摩他人心思的人。他的父亲也确实经常会感到疲倦和抑郁。

孩子可以通过仔细观察父母的情绪波动来应对他们的情绪问题，但正是一些父母的不可预测的情绪给孩子造成了创伤。一旦孩子顺利度过最早期的完全依赖阶段，在我看来，他们几乎可以忍受任何持续

---

[1] 参见温尼科特作品《成熟的进程与促进性环境》。

存在或可以预测的不利因素。自然,高智商的孩子在预测的问题上比低智商的孩子更有优势,但有时我们发现高智商孩子的智力被过度地使用了——他们滥用自己的智力来预测父母复杂的情绪倾向。

有治疗师功能的生病的父母

严重的精神疾病并不会阻止母亲或父亲在适当的时候为他们的孩子寻求帮助。

> 例如,珀西瓦尔(Percival)在十一岁时因为一次急性精神障碍发作来到我这里。他的父亲二十岁时曾得过精神分裂症,是他父亲的精神病医生把这个案例介绍给我的。他的父亲现在已经五十多岁了,已经很熟悉自己的慢性精神疾病了,因此当他的儿子生病时,他非常理解孩子。
>
> 珀西瓦尔的母亲是一个精神分裂症患者,现实感很差;尽管如此,她还是能够在儿子生病的早期阶段照顾他,直到他康复到可以离开家接受护理和治疗。珀西瓦尔花了三年时间才从他自己的疾病中恢复过来,这与他父母的疾病状态密切相关。

我给出这个案例,是因为我能够得到他的父母双方的支持和配合,尽管他们生病了,或者因为他们生病了,他们可以及时看到并帮助珀西瓦尔度过疾病的第一个关键阶段。他的母亲使自己变成了一名优秀的精神科护士,她让珀西瓦尔的人格以他所需要的方式与她自己的人格融合在一起。然而,我知道她撑不了太久。六个月后,当我收到我所期待的求救信号时,我立即让珀西瓦尔离开了家,但其实最主要的工作他的母亲已经做完了。

他的父亲的精神分裂症经历使他能够容忍男孩的极端疯狂,而母

第九章 有精神病障碍的父母对儿童情感发展的影响 99

亲的情况使她能参与到他的疾病中，直到她自己开始需要一个新的精神护理阶段。当然，随着男孩逐渐康复，他必须做的一件事就是了解他的父亲和母亲都生病了，他从容地接受了这一点。他现在已经进入青春期，多亏了病得很重的父母，他现在很健康。

我的诊所里还有另一个完全不同的故事。它是怎样的呢？

这个家庭的父亲患的是癌症，不是精神疾病。他得了癌症，医生却奇迹般地使他活了十年。结果，他的妻子，这个许多孩子的母亲，已经十五年没有休假了，而且她已经完全放弃了休息的希望。她就这样煎熬地活着，所有精力都用来照顾卧病在床的丈夫和管理这个黑暗、狭窄、压抑的家。每当有什么事情出了问题，或者有一个孩子要离开家时，她都会感到内疚。一个男孩在青春期开始酗酒，但其他孩子都很好。母亲生活中唯一的幸福来自她的工作，她每天早上6点到8点做她的工作。她假装出去取钱，其实她出去只是为了换换环境，这是她唯一的消遣。在我看来，父亲的癌症就像是一个小丑，完全地扰乱了整个家庭的生活。谁也做不了什么，因为癌症高高地坐在父亲的床头，狞笑着，无所不能。

这是一种可怕的状况；然而，在我看来，如果家庭中父母一方虽然身体健康，但有精神病性精神障碍的话，情况会更糟。

发展阶段与父母的精神病

在考虑这些问题背后的专业理论时，我们要始终记住在一个创伤因素起作用时婴儿所处的发展阶段。婴儿可能处在完全依赖母亲、与母亲融合在一起的阶段，或者可能处于依赖母亲但逐渐开始独立的阶段，或者已经处于在某种程度上独立的阶段了。与这些成长阶段相对应，我们需要考虑精神病性父母的影响，也可以用以下的简洁方式对父母疾病进行大概分级：

（1）病得很重的父母。在这种情况下，需要其他人接替父母照顾婴儿和儿童的工作。

（2）病得没那么重的父母。在某些特定的高风险时期，需要其他人接替父母照顾孩子。

（3）相对健康的父母。他们的健康程度可以保护孩子不受自己疾病的影响，并使他们愿意寻求帮助。

（4）需要与孩子分开的父母。父母的疾病已经影响了孩子，如果不剥离父母对孩子的权利，我们就无法为孩子做任何事情。

我不希望利用法律的权力把孩子从父母身边带走，除非有残酷或严重的疏忽事件激起了社会的谴责。尽管如此，我也知道，在某些特定时刻把孩子从精神病性的父母身边带走是必须要做的决定。每个案例都需要非常仔细的审查，或者换句话说，需要有高度技巧化的实际处理能力。

[1959]

第十章　青春期

在低迷中挣扎

现在，全世界都对青少年和青少年所面临的问题感兴趣。所有国家都有青少年群体，他们以各种各样的方式表现自己。人们对这一发展阶段进行了诸多研究，出现了一种新的、以青少年为主体的文学形式，包括年轻人写的自传，或者是描写少男少女生活的小说。我们可以这样假设，这种社会意识的发展与我们所处时代的特殊性之间存在联系。

研究这一心理学领域的人必须从一开始就认识到这样一个事实：青春期的男孩或女孩是不希望被理解的。成年人必须隐藏他们对青春期的理解。为青少年写一本关于青春期的书是荒谬的，因为青春期是一个必须经历的时期，本质上是一个个人探索发现的时期。每个个体都要参与到这一生活经历中来，参与到这个事关"存在"的问题中来。

青春期的治愈

有一种真正的治愈青春期的方法，而且只有一种，不过它对处于痛苦中的男孩或女孩来说毫无意义。治愈青春期的良药是时间的流逝，是人逐渐成熟的过程；这些因素共同作用，最终的结果是成年人的出现。这个过程不能被催促或减缓，尽管它确实可以被侵入和摧毁，或者它可以在精神疾病中从内部枯萎。

尽管青春期是我们每个人的必经阶段，但我们确实需要时不时提醒自己：每个青春期的男孩或女孩都会在几年的时间里成长为成年人。父母比一些社会学家更清楚这一点。廉价的新闻报道和某些重量级人物的公开声明很容易引起公众对青春期现象的愤怒，他们把青春期现象视为一个问题，而把每个青少年都正在成为有社会责任感的成年人这一事实排除在讨论之外。

理论说明

对于青春期个体情感发展的一般性描述，研究动力心理学的人在很大程度上达成了一致的观点。

这个年龄阶段的男孩或女孩正在应对他（她）个人的青春期变化。身体开始了性功能的发展，开始出现第二性征，也包含了个人应对各种焦虑的防御组织模式。健康的人在潜伏期之前，每个人都经历过完整的俄狄浦斯情结，也就是说，在与父母双方（或父母的代替者）的三角关系中，有过两个主要的位置——父亲和母亲，并且（在每个青少年的经历中）有一些系统的方法来避免痛苦，或者在这些复杂的状况中接受和容忍内在的冲突。

青春期的孩子，其人格构建已经基本完成，其中包括个体的遗传特性，从婴儿期和童年期的经历中衍生出的个人性格倾向，前生殖器期的本能经验的固着，以及婴儿期依赖和婴儿期攻击性的残余；此外，还有因俄狄浦斯期和前俄狄浦斯期的成熟的失败或受阻，所产生的与之有关的各种各样的疾病模式。因此，由于婴儿时期和童年早期的经历，男孩或女孩进入青春期时，所有的模式都已经基本确定，尽管其中有很多是无意识的，有很多是不曾体验过的，还有很多是完全未知但事实上却已经存在的。

以不同的青少年的个别情况而论，他们的问题类型和问题程度存在很大的差异，但总体来说，青春期的男孩或女孩所面临的问题是相同的：作为个体的自我组织如何适应新本我的发展？如何适应有问题的性格模式？如何应对个体新发展出来的、极具破坏性甚至可能致死的力量？这种力量其实并不比蹒跚学步时出现的仇恨感受更复杂，就像把新酒装进旧瓶子里。

环境

在这个阶段，环境所起的作用是非常重要的。用语言来描述的话，最好假定孩子的父母以及更广泛的家庭组织会持续存在，并且对孩子一直保持兴趣。寻求专业帮助的青少年的许多难题都源于环境的失败，这一事实只是强调了环境和家庭环境的至关重要性，尽管对于绝大多数近乎成年的青少年来说，这个过程总让他们父母大为头疼。

叛逆与依赖

接受调查的青春期孩子有一个特点：在叛逆的独立和退行的依赖之间快速转换，甚至在同一时刻两种极端状态并存。

个体的孤立

青少年本质上是孤立的。从一个孤立的位置开始发展，然后逐渐形成个体之间的关系，最终社会化。在这方面，青少年正在重复婴儿时期的重要阶段，因为婴儿一开始就是一个孤立的人，至少在他否定"非我"，并成为一个独立的个体——一个可以与自体以外的、在全能感控制范围以外的事物形成关系的独立的个体——之前是这样的。可以说，在快乐原则被现实原则取代之前，孩子因为生活在主观世界而孤立无援。

青少年是孤立的集合体，他们试图通过对不同品位的认同，用各种方式形成一个整体。如果他们作为一个群体受到攻击，他们就会聚集在一起，形成一个对攻击反应偏执的组织；在受到迫害之后，集体中的个体又会回到作为孤立者的状态。

性前期对性行为的准备

年轻的青少年的性体验因为这种孤立的现象而丰富多彩；还有一个事实是，这个男孩或女孩还不知道自己是同性恋、异性恋还是仅仅是自恋。很多情况表明，在很长的一段时间内，性冲动的出现充满了不确定性。在这个阶段，急切的自慰很可能是一种为了摆脱性的压力而实施的重复行为，而不是一种性体验形式。事实上，在这个年龄，强迫性的异性恋或同性恋行为可能都是为了摆脱性的压力或缓解紧张情绪，而不是一种全身心的结合。全身心的结合更可能首先出现在目标抑制的性游戏中，或在激情状态的行为中。这又是一种个人的模式，等待与本能相结合，但在漫长的过程中，我们必须找到某种形式来缓解性引发的紧张和焦虑。如果我们有机会了解事实，我们会在大量的案例中看到强迫性的自慰。（对任何研究这个主题的人来说，有一句很好的箴言，值得被记住：任何提问的人都必须预料到回答的人会说谎。）

当然，我们可以从自我应对本我变化的角度来研究青少年这个主题。实践中的精神分析学家也必须做好准备，迎接这一中心主题。它要么在孩子的生活中表现出来，要么谨慎地表现在被分析的环境所呈现的材料中，要么在孩子有意识或无意识的幻想中，在个人心灵或内在现实的最深处。然而，在这里我不打算采用这种方法，因为我的目的是用另一种方式来调查青少年，并试图将这一主题的紧迫性与过去五十年的社会变化联系起来。

青春期的时间

青少年能够在适当的时候,也就是说,在青春期的年龄成长为青少年,这是一个社会健康的标志。在原始时期,要么青春期的变化被隐藏在禁忌之下,要么青少年必须在几个星期或几个月的时间内通过某些仪式和考验变成成年人。而在我们现在的社会中,青少年因为成长的趋势向前发展而成为成年人,这一过程是自然形成的。这意味着当今的成年人是有力量的、稳定的和充分成熟的。

当然,这需要付出代价。许多青少年因为精神崩溃而需要被包容和治疗;而且,这种新的发展也给社会带来了压力,因为对于那些自己被剥夺了青春期的成年人来说,看着周围的男孩和女孩都处于绚丽的青春期,也是一种痛苦。

社会环境的三大变化

在我看来,今天的社会,有三个重要的发展改变了处于青春期青少年的整体氛围:

(1)今天,性病不再是一种可怕的疾病。梅毒螺旋体和淋病球菌不再是上帝的惩罚的代名词(就像五十年前人们以为的那样)。现在可以用青霉素和适合的抗生素来对付它们[1]。

(2)避孕技术的发展给了青少年探索的自由。这种自由对于人

---

[1] 我清楚地记得第一次世界大战后的某个时候,我和一个女孩的对话。她告诉我,就是因为害怕染上性病,她才没有做妓女。当时,我在一次简单的谈话中提到,性病有一天可以预防或治愈,这个想法让她惊恐万分。她说,如果没有这种恐惧,她无法想象自己会如何度过青春期(她刚刚度过青春期),她曾利用这种恐惧来约束自己不走邪道。她现在是一个大家庭的母亲,算一个正常的人;但她必须克服青春期的挣扎和对自己本能的挑战。她曾过得很艰难。她偷过东西,撒过谎,但她都挺过来了,原因是她坚持不让自己感染性病。

们来说是非常新颖的，它以了解性欲和性快感为目的，不仅不掺杂为人父母的愿望，而且几乎可以做到避免把一个不想要的、没有父母照顾的婴儿带到这个世界上。当然，意外可能发生，以后也还会发生，这些意外会导致不幸的、危险的堕胎或非婚生孩子的出生。但是我认为，在研究青春期问题时，我们必须接受这样一个事实：现代的青少年，如果他们愿意的话，可以探索感官生活的全部领域，而不必遭受意外怀孕所带来的精神痛苦——这种说法只有一部分是对的，因为与意外的恐惧相关的精神痛苦仍然存在，但在过去的三十年里，这个问题已经被这个新的因素改变了。

我们可以看到，现在精神上的痛苦，来自每个孩子原初的内疚感。我并不是说每个孩子都有一种与生俱来的内疚感，我的意思是，在健康的情况下，孩子会以一种非常复杂的方式发展出是非感、内疚感和理想，以及自己对未来的期望。

（3）原子弹也许正在产生比上述两个变化更为深刻的影响。原子弹影响了成年人的社会与青少年的潮流之间的关系，这种影响会持续扩展。我们必须在不会发生另一场战争的基础上进行探讨。而现在，世界上的某个地方随时都可能发生战争，但我们知道，我们不能通过组织一场新的战争来解决社会问题，因此我们也无法证明，让孩子参加军事训练对他们的成长有益，不管这样做对我们来说有多方便。

我们无法证明，强大的军事或海军训练会给我们的孩子带来益处。

这就是原子弹的影响。如果用"为君主和国家而战"的方式来应对有问题的青少年变得不再有意义，那么就让我们回到青春期本身这件事情上。所以现在我们要"挖掘"青春期。

青少年是有优势的。在想象力充沛的生活中，人的潜能不仅仅是性交的主动和被动的问题，它还包括一个男人战胜其他男人，以及一个女孩对胜利者的崇拜。我认为，所有这一切都必然隐藏于咖啡店、酒吧的神秘、偶尔的持刀骚乱中。青春期比以往任何时候都更需要克制，因为它本身就是相当暴力的——就像个体被压抑的潜意识，一旦向世界公开，就不那么美丽了。

当想到当代年轻人那些臭名昭著的暴行时，我们必须将它们与现在没有，以后也不会有的战争所带来的死亡相关联、相比较，与不会发生的战争中的残忍相关联、相比较，与曾经出现但不会再出现的每一场战争中的所有失控的性行为相关联、相比较。因此，青春期就在我们身边，这是显而易见的，而且它一直存在。

这三种变化对我们的社会问题产生的巨大影响清楚地表明：青春期作为一个重要的人生议题，不会像征兵制度一样，被错误的策略赶下历史的舞台。

拒绝不完美的解决方案

青少年的一个主要特点是他们不接受错误的、不完美的、存在缺陷或不足的解决方案。这种以真实为基础的强烈的道德感同样也属于婴儿期和精神分裂型疾病。

治愈青春期偏执的方法是时间的流逝，而这一事实对青少年来说几乎没有意义。青少年坚持寻求一种立竿见影的治疗方法，但同时又会因为发现了其中的错误或不完美因素而拒绝一种又一种"治疗"。

一旦青少年能够容忍妥协，可能就会发现，其实有各种各样的方法，可以使核心真理的残酷无情变得柔软。例如，对父母形象的认同就是解决方案之一；或者在性方面可以提前成熟；或者将性能量从性转移到体育运动中或体力劳动上，或者从身体机能转移到智力成就上。一般来说，青少年会拒绝这些帮助，相反，他们必须经历一个消沉的阶段，在这个阶段，他们会感到徒劳，他们还没有找到他们自己。我们只能看着这一切发生。

但是，完全避免这些妥协，尤其是避免使用认同和替代性经验，意味着每个人都必须从头开始，放弃我们过去的文化历史中已经形成的一切成果。我们可以看到青少年努力挣扎着重新开始，好像他们无法从任何人那里接受任何东西一样。我们也可以看到他们在某些微小的一致性的基础上，以某种地域属性或年龄属性为依附标准，形成自己的群体。我们还可以看到，年轻人一直在寻找认同，这种认同不会让他们在斗争中感到失望，这种斗争让他们感觉到真实的自我，是建立个人身份认同的斗争，这种斗争不是为了适应指定的角色，而是为了经历必须经历的一切。

他们不知道自己会变成什么样子。他们在等待，他们不知道自己在哪里。因为一切都是静止的，他们感到不真实，这导致他们为了感受到真实而去做一些特别或极端的事情，而从社会意义上来说，这些事情产生的影响真是太真实了。

事实上，我们的确需要非常关注青少年这一奇怪的群体，即叛逆和依赖的混合体。照顾青少年的人会感到困惑，为什么这些男孩和女孩可以如此叛逆，同时又如此依赖；如此孩子气，甚至像婴儿一样，表现出最初在婴儿时期出现的依赖模式。此外，父母发现他们是在自己花钱让孩子反抗自己。这是一个很好的例子，证明那些建立理论的人、写作的人和侃侃而谈的人处理问题的层面并不同于青少年所处的层面，也不同于父母或父母的替代者所面临的需要紧急处理的问题的层面。这里真正的问题不是理论，而是青少年和父母之间的相互影响。

青少年的需要

因此，我们可以把青少年所表现出来的需要汇总一下：

拒绝错误（不完美）解决方案的需要。

感受真实的需要，或者容忍根本没有任何感受的需要。

在依赖被满足，信任也被满足的特定环境下进行反抗的需要。

不断刺激社会，以激发出社会的对抗性情绪，并与之对抗的需要。

健康的青春期与病态的模式

正常青少年的表现和病态的人的表现是有关联的。例如：

避免错误解决方案的需要对应着精神病患者的无法妥协；也可以将精神性神经症患者的矛盾情绪与健康人的欺骗与自我欺骗相关联、相比较。

感受真实或毫无感受的需要与伴有人格解体的精神病性抑郁有关。

反抗的需要与犯罪行为中的反社会倾向相对应。

由此可以看出，在一群青少年中，倾向性往往由群体中病得更重的成员表现出来。例如，一个团体中，某个成员服用了过量的药物，另一个抑郁地躺在床上，还有一个在随手摆弄弹簧刀。在每种情况下，被孤立的患病个体都会集结成团体，而他们的极端症状也会在社会上有所呈现。然而，对于参与其中的大多数个体来说，这种趋势背后并没有足够的动力让这些症状成为醒目的或不可忽视的存在，也没有足够的动力使这些症状产生不可忽视的社会反应。

忧郁

再重申一遍：如果青少年是通过自然过程来度过这个发展阶段，那么必然会出现一种可以被称为青春期忧郁的现象。社会需要把它作为一个永久的特征来包容它，对它做出积极反应，实际上是为了满足它，而不是治愈它。而问题是，我们的社会足够健康到能这样做了吗？

使这个问题变得更加复杂的事实是，有些人病得太严重了（患有精神病性神经症、抑郁症或精神分裂症），以至无法达到一个可以被称为青春期的情感发展阶段，或者他们只能以一种高度扭曲的方式来达到这个阶段。我的描述中没有包括这个阶段所出现的严重的精神疾病，然而，有一种疾病在任何有关青春期的议题中都不能被搁置一边，那就是青少年犯罪。

青春期与反社会倾向

研究正常的青春期困难与反常的反社会倾向之间的密切关系，具有一定的启示意义。这两种状态之间的区别与其说在于每种状态所呈现的临床表现，不如说是在于每种状态的动态和病因。

反社会倾向的根源或成因里，总是存在某种剥夺。这种剥夺可能只是母亲在关键的时候处于回避或抑郁的状态，也可能是家庭破裂。即使是轻微的剥夺，如果发生在困难的时刻，也可能会产生持久的结果，因为它会使已经形成的防御过度强化。在反社会倾向的背后，总有一些因素是健康的，但是健康被中断，之后事情就变得截然不同了。反社会的孩子正在以某种方式，或暴力或温和地让世界承认世界对这个孩子欠下的债；或者试图让世界重新构建被打破的格局，而这种格局是世界应该给予这个孩子的。因此，反社会倾向的根源在于这种剥夺。

大体来说，在青春期问题的根源上，我们不可能说它是与生俱来的一种剥夺，但确实有些东西是相同的，只是它的程度较低而且没有泛化，因此避免了使现有的防御过度强化。所以在青少年认同的群体中，或者在与迫害相关的孤立者集合体中，那些极端的成员就代言了整个群体。青少年阶段的各种各样的违规行为——偷窃、持刀、越狱和入侵，所有的一切——所有这些都必须被纳入这个群体的动力中，穿插在围坐着一起听爵士乐，或者开一个酒瓶派对的活动里。

而且，如果什么出格的事情都没有发生，个别成员就会开始质疑他们反抗态度的真实性，尽管他们内心并没有感受到强烈的不安，并且它没有强烈到需要他们去做一些反社会的、在他们看起来使事情变得正确的行为。但如果群体中有一个反社会的成员，或者其中有两三个人愿意去做反社会的事情，从而产生社会反应，这就会使所有其他人愿意组成临时团队凝聚在一起，这让他们感觉真实。每个个体成员都忠诚地支持那个代表群体的人，尽管没有人赞成这个极端反社会的人所做的事情。

我认为这个原则也适用于其他种类的疾病。群体中某个成员的自杀企图对其他所有人都非常重要。或者其中一人卧床不起，因为抑郁而瘫痪在床，他有一台电唱机，播放着悲伤的音乐；他把自己锁在房间里，没人能靠近。其他人都知道发生的事情，当这个人偶尔出来时，他们会开一个酒瓶派对或者做点什么，这种状况可能会持续一整夜，也可能会持续两三天。这样的事件与整个群体都息息相关，群体在变化，个体也在改变着群体；但不知怎的，在他们努力度过这段忧郁期的过程中，群体中总有个别成员会用极端方式来帮助自己感受真实。

如何在青春期成为青少年，这是一个具有挑战度的问题。对任何人来说，这都是一件非常勇敢的事情，其中一些人正在努力实现它。但这并不意味着我们成年人只能说："看看，这些可爱的小青年正在度过他们的青春期；我们必须忍受这一切，让我们的窗户被打破吧。"这并不是重点。关键是我们受到了挑战，并且我们迎接了挑战，以此作为成年人生活功能的一部分。我们要做的是面对挑战，而不是去治疗那些本来就很健康的人。

来自青春期的巨大挑战是我们自己没有真正度过青春期。我们自身的这个部分使得我们讨厌这些人能够有他们的忧郁期，让我们想要为他们找到解决方案。错误的解决方案有上百种。我们所说或所做的一切都是错误的。我们给予支持，我们是错误的，我们不支持，这也是错误的。我们不敢表示自己能"理解"。但随着时间的推移，我们会突然发现这些青春期的男孩和女孩已经走出了忧郁的阶段，现在他们能够开始认同社会，认同父母，认同各种更广泛的群体了，而且不会因此担心个体消亡所带来的威胁。

[1961]

第十一章　家庭和个体情感成熟

　　我所了解的心理学领域里，成熟等同于健康。一个健康的十岁孩子意味着对于十岁的孩子来说，这个孩子是成熟的；一个健康的三岁小孩，就意味着对于三岁的孩子来说他就是成熟的；青春期是成熟的青少年时期，不是过早地成为成年人。健康的成年人是成熟的成年人，我们这样说的意思是，他或她已经在年纪更小的时候经历了所有不成熟的阶段，所有年轻时的成熟阶段。健康的成年人有所有的不成熟经验可以依靠，要么是为了好玩，要么是在需要的时候，要么是在私密的自慰体验中，要么是在梦中。为了根据不同年龄公正地对待"按年龄成熟"这一概念，人们需要了解完整的情感发展理论。我姑且假设我的读者对动力心理学和精神分析师工作的理论都有一定了解。

　　鉴于上述所言的"成熟"的概念，我想讨论的主题是家庭在建立健康的个体方面的作用。这就引发了一个值得思考的问题：如果不在家庭的环境下成长，个人还能达到情感的成熟吗？

　　如果把动力心理学分为两个部分，研究个体发展的方法也就有两种。首先是本能的发展，生殖器发育前的本能功能和幻想一起，逐渐形成完整的性欲，我们知道，这发生在潜伏期开始之前。沿着这条路径，我们得出了青春期这个概念，在这个时期，青春期的变化占据主导地位，最初期形成的对焦虑的防御模式在青春期会有重新出现的倾向。这些都是我们所熟知的。相比之下，我想换个角度来看待这个问题，即每个个体从绝对的依赖开始，到较低程度的依赖，并由此开始走向独立自主。

第二种思考方式可能比第一种思考方式更适用。如果我们选择它，就不需要太关心一个孩子或青少年或成年人的年龄。我们关心的是在任何特定时刻都能很好地适应个人需要的环境供给。换句话说，这和母亲的照料是同一个议题，母亲的照顾会随着婴儿的年龄而变化，既会满足婴儿早期的依赖，也会满足婴儿走向独立的需求。用第二种思考方式看待生命的视角，特别适合研究健康的发展，而我们目前的目标正是研究健康的发展。

母亲的照料变成了父母的照料，父母双方共同对他们的婴儿负责，对婴儿和其他孩子之间的关系负责。此外，父母也因此获得家庭中健康的孩子的"贡献"。父母的照料会发展为家庭，"家庭"这个词开始进一步扩展，包括祖父母和表兄弟姐妹，以及那些因为邻居关系或因为某些特殊意义而成为类似关系的人——例如，教父、教母。

当我们探讨这一发展中的现象时，发现人类需要不断扩大照顾个体的范围，这一点给我们留下深刻的印象：总是从母亲的照料开始，发展为大家庭对青春期男孩和女孩的持续关注。同时，个体也需要有一个地方，当个体有创造的冲动或为他人付出的冲动时，他可以不时地做出贡献，这一点也给我们留下了深刻的印象。所有这些不断扩大的圈子都源于母亲的怀抱和她的关心。

我在很多著述中反复提到母亲为了满足婴儿的需求而做出的微妙的适应，而婴儿的需求也每时每刻都在发生变化。除了母亲，还有谁会如此费心去了解和感受婴儿的需求呢？在此，我想继续讨论这一主题，并且我认为，这项由母亲和父亲开始并延续下去的满足个体需求的任务，只有孩子自己的家庭才有可能完成。这些需求包括依赖和个体对独立的追求。这项任务包括满足成长中的个体不断变化的需要,这不仅仅是满足本能需求的意义,而且也是活在当下并接受对这方面的贡献的意义,这是人类生活的一个重要特征。这个任务还包括接受反抗的爆发,也包括回归与反抗交替出现的依赖。

很明显,在提到反抗和依赖时,我讨论的是青春期非常典型的现象,可以被很好地观察到的现象;事实上,这成了需要处理的一个主要问题:当青少年变得幼稚和依赖,把一切都视为理所当然时,应当如何等待,同时又能够满足青少年为了建立个体的独立性而反抗的需要?很可能是个体自己的家庭最有能力也最愿意满足这样的需求,同时这也要求父母能够容忍暴力反抗,并且付出他们的时间、金钱和关心。离家出走的青少年也并没有失去对家和家庭的需要,这是众所周知的。

在这一点上,我要再次强调一下:个体在情感成长的过程中,正从依赖走向独立,而在健康的状态下,个体是有能力在依赖与独立之间来回转换的。这一过程不会悄无声息地轻易实现。因为反抗和从反抗到依赖的回归,种种不同的选择让这一过程变得十分复杂。为了确保能够反抗,个体会突破周围的一切。为了使这种突破有价值,有两件事是必要的。首先,个体需要找到一个更大的圈子来接受自己。这等于说,个体所需要的是回到局面被打破之前的能力。从实际意义上说,孩子需要从母亲的手臂和膝盖上挣脱出来,但他们并不是要进入外太空;他们只是想要脱离控制,但这必然是要发生在更广泛的控制范围内的,这是孩子挣脱母亲膝盖的象征,一个稍大一点儿的孩子即使从家里走出来,也仅止于花园的尽头。

花园的栅栏,或者房子,象征着狭义的抱持,只是它刚刚被打破。后来,孩子通过上学和与家庭以外的其他群体的关系,学会了解决所有这些问题。在每一种情况下,这些外部群体都代表着脱离家庭，同时也就是象征着家庭被打破——在幻想中被打破。

当这些事情都顺利完成之后，孩子就会回家，尽管他的离开本身就是一种与生俱来的反抗。我们会从孩子的内在现实和心灵真实的组织来描述这一点。但在很大程度上，个体能否成功地发现解决方案取决于家庭的稳定存在和父母如何处理问题。反过来说，如果没有令人满意的家庭管理，孩子很难解决离开和回归家庭之间的感情冲突。

在符合常理的情况下，这些条件通常是可以获得的，因为孩子都有一个家庭，家庭中有父母，他们有责任感，他们也愿意承担责任。在绝大多数情况下，家和家庭确实存在，并且保持完整，而这作为一个重要方面，的确为个体提供了个人发展的机会。绝大部分人回顾过去的时候可以说，无论他们犯了什么错误，他们的家庭从来没有真正让他们失望过，或者最起码不会超过他们的母亲在生命最初的几天、几周、几个月里在照料问题上让他们失望的程度。

在家庭内部如果不止一个孩子，每个孩子都能从分享问题的机会中获得巨大安慰。这是另一个比较大的主题，但我在这里想说的是，当家庭是完整的，兄弟姐妹是真正的兄弟姐妹时，那么每个个体都有最好的机会进入到社会生活中去。最主要原因是，一切的核心都是与现实中的父亲和母亲之间的关系，无论这会在多大程度上使孩子们分开，即使他们彼此仇恨，但这种关系的主要作用就是将他们联系在一起，并创造一种可以安全地仇恨彼此的环境。

当有一个完整的家庭时，这一切都因为过于理所当然而被忽略，我们看到孩子们长大并且出现症状，而这通常是健康发展的表现，尽管这些症状是尴尬和令人不安的。只有当家庭不完整，或面临破裂的威胁时，我们才会注意到完整的家庭是多么重要。的确，家庭结构崩溃的威胁并不一定会导致儿童的临床疾病,因为在某些情况下,它会导致过早的情感发育、早熟的独立和责任感;但这不是我们所说的成熟,也不是健康,即使它有健康的特征。

让我阐明一个普遍性的原则。只要家庭是完整的,那么所有的事情最终都与个体的亲生父亲和母亲有关,对我来说,理解这一点非常有价值。在意识层面的生活和幻想中,孩子可能已经逃离了父亲和母亲,并且可能从中获得了极大的安慰。然而,回到父亲和母亲身边的路径却始终保留在潜意识中。在孩子的潜意识幻想中,最根本的需求总是需要他自己的父母来满足。孩子会逐渐失去大部分或几乎全部的对真实父母亲的直接需求,但这只是意识层面的幻想。所发生的情况是,需求逐渐地从现实的父母身上向外转移。家庭的存在就是由这样一个事实所加固的:对于每一个家庭成员来说,真实的父亲和母亲都活在内在的心理现实中。

通过这种方式,我们看到两种趋势。第一个是个体倾向于离开母亲,然后离开父母,再离开家庭,每一步都给了思想和功能更多的自由;另一种倾向则与此相反,那就是需要保持或恢复与真实的父亲和母亲的关系。正是这第二种倾向使第一种倾向成为成长的一部分,而不是对个体人格的破坏。我指的不仅仅是个体在不断扩大的关系领域象征性地保留父亲和母亲的概念,还包括个体真正回到父亲和母亲身边的能力,个体可以在任何适当的时刻回到中心或者回到起点,也许只是在一闪而过的梦中,或者是因为一首诗,或者是因为一个玩笑。所有情感的原点都在父亲和母亲身上,而无论如何转移、置换,它们都需要被保留下来。

这一点有着广泛的应用领域。例如,我们可以想象一个移居的人,他在地球的另一端找到了一种生活方式,他还是会最终返回,目的是确定皮卡迪利广场（Piccadilly Circus）仍然保持着原来的样子。我希望借此表明，如果将无意识的幻想考虑在内（当然这是必须考虑的），那么孩子对更广阔领域的不断探索，孩子对家庭之外群体的不断寻找，以及孩子对所有僵化形式的挑衅破坏，所有这些，都与孩子需要与父母保持最基本的关系是一样的。

在个体的健康成长中，无论在哪个阶段，所需要的都是一个稳定的发展过程，也就是说，即使是一系列看起来完全反抗传统的行为，其中的每一种行为其实都与核心人物——父母或母亲——保持着一种无意识的联系。如果我们观察一个家庭，就会发现，因为父母想要保持并且完成这个自然发展过程，以力求个体发展的顺序不会被打乱，他们往往会遇到很大的麻烦。

性发育就是一个典型的例子，在建立个体的性生活和寻找伴侣方面都是如此。人们期待着奇缘巧遇，借助婚姻逃离真实的父母和家庭，但这同时也传承了前辈人建立家庭的想法。

实际上，这些暴力的桥段往往被认同的过程所掩盖，特别是男孩对父亲的认同和女孩对母亲的认同。然而，到目前为止，除非个别男孩或女孩实现了暴力推翻原生家庭的梦想，否则在认同方面的解决方案并不能令人满意。反复突破这一主题是个体成长中的特征，俄狄浦斯情结的出现是一种缓解，因为在三角形的情况下，男孩可以因为想到父亲的存在而保留对母亲的爱，同样，女孩会因为母亲的存在而保留对父亲的渴望。而在只有孩子和母亲时，却只有两种选择，要么被吞没，要么挣脱出来。

我们对这些问题研究得越多，就会越多地看到，对于任何一个群体来说，要想尽办法使这些事情顺利进行是多么困难，除非这个群体就是孩子自己原本的家庭。

第十一章 家庭和个体情感成熟

我几乎没有必要对假定相反的情况作补充说明；也就是说，即使家庭在所有方面都为孩子尽了最大的努力，做到了最好，也并不意味着孩子就会因此发育良好，顺利发展到完全成熟的阶段。每个个体的内部系统中都有许多风险因素，个体心理治疗主要就是为了清除这些内在的紧张和压力。为了继续深入这一主题，就需要讨论我在本章节开始时提到的另一种看待个人成长的方式。

在考虑家庭的作用时，记住社会心理学和人类学在这一问题上所作的贡献是很有必要的。社会心理学方面，值得一提的是威尔莫特（Willmott）和扬（Young）最近的研究成果《伦敦东部的家庭和亲属关系》[①]。关于人类学方面，我们对家庭在很多方面随着不同地点和不同时期的变化方式都很熟悉。比如，有时候现实生活中抚养孩子的是叔叔（或伯伯、舅舅、姑父、姨父等）和婶婶（或姑姑、阿姨、舅妈等），从意识层面而言，真正的父母似乎已经消失了，但总有证据表明，孩子在无意识里仍然保留着对真正父母的认识。

回到成熟就是健康的概念。对于个体来说，跳过一两个阶段，发展出超越其年龄的成熟，成为一个过于成熟的个体，是一件很容易的事情，而他们在相应的年龄本应该少一些成熟，多一些依赖。当我们研究那些远离自己家庭环境成长的个体，关注他们的情感发展成熟与否时，有必要记住这一点。这些人可能会以这样一种方式发展：他们是多么坚强、多么独立啊，年轻时就知道自己照顾自己是多么好的一件事啊！然而，我并不接受这个观点是最终结论。因为我觉得，对于成熟来说，个体不应该过早成熟，不应该在还是相对依赖的年龄阶段就成长为一个独立的个体。

[①] 该作品由扬与威尔莫特合著，1957年由伦敦劳特利奇和基根·保罗（London：Routledge & Kegan Paul）出版社出版。

现在回过头去看，并思考我一开始就试探性地提出的问题时，我的结论是，如果一个人接受"健康就是合乎年龄的成熟"这一观点，那么，除非在一个环境中，家庭提供了从父母照料（或母亲照料）直至走上社会的桥梁，否则个人情感上的成熟就不可能实现。我们必须记住，社会的供给在很大程度上是家庭的延伸。如果我们考察人们抚养幼童和年龄大一点儿的孩子的方式，如果我们考察成年人生活的政治制度，我们就会发现，所有情感的转移都是从家庭环境中而来的。例如，我们发现为逃离自己家庭的儿童提供的机会，就是让他们找到一个在必要时可以再次逃离的家庭。家和家庭仍然是所有可能有效的社会供给能够依据的基础。

因此，家庭（用我选择在这里使用的语言来说）在促使个体情感的成熟方面有两个主要特征：一个是为高度依赖提供长期存在的机会；另一个是为个体提供机会，使其可以脱离父母进入家庭，脱离家庭进入家庭以外的社会单元，脱离家庭之外的社会单元进入另一个社会单元……这样不断地发展下去。这些不断扩大的圈子，最终会成为社会上的政治、宗教或文化团体，也许还有民族主义[①]本身，而这都是始于母亲的照料，或父母的照料，然后延续为家庭的最终产物。家庭似乎被特意设计为对父亲和母亲的无意识依赖的载体。对真正的父亲和母亲，这种依赖也涵盖了成长中的孩子突然爆发的叛逆需求。

这种推理方式使用了成年人的成熟的概念，它等同于精神病学中的健康的概念。可以说，一个成熟的成年人能够认同自己所处的环境群体或制度，并且不以丧失个人存在感为代价，也不会牺牲太多自发冲动，这种冲动正是创造力的根源。

如果我们考察"环境群体"这个术语所涵盖的领域，那么最被关

---

① 无论我们多么渴望建立一个国际化的群体，都不能对民族主义作为战略性发展阶段的观点轻描淡写。

注的，就是这个术语最广泛的含义，以及个体感受到被认同的最全面的社会领域。一个重要的特征是，在每一次打破惯例之后，个体都有能力在破碎的形式中重新发现最初的母亲的照料、父母的供养和家庭的稳定，所有这些都是个体在早期阶段所依赖的。家庭的作用就是为个人成长的这一基本特征提供实践基础。

这两条谚语可以惊人地结合在一起：

（1）事情不再像过去那样（物是人非）！（Things aint wot they was!）

（2）变化越多，稳定也就越多（万变不离其宗）。（Plus ça change, plus c'est la même chose.）

成熟的成年人通过把古老的、陈旧的、正统僵化的东西摧毁后再重建的方式，给它带来了活力。所以父母往上走一步，又往下走一步，就成了祖父母。

[1960]

个案工作典型案例

第十二章　儿童精神病学理论

专业领域

现在人们才逐渐认识到，儿科的一部分是心理学，另一部分是关于各种组织器官和对身体的影响以及生理疾病对身体功能的影响，而这两个部分同样重要：儿科以身体发育、身体发育障碍和身体功能障碍的先验知识为基础；而精神病学则以对正常婴儿、儿童、青少年和成人的情感发展的理解，对个体与外部现实发展关系的理解为基础。

这里我们需要考虑到理论（或学院派）心理学的地位。它处于身体发育和情感发展两者交界的边缘。理论（或学院派）心理学家所研究的现象虽然是心理上的，但实际上却属于身体发育。例如：技能的发展与大脑发育和协调性的发展是步调一致的，技能无法发展有时是因为物理性的脑损伤。举个例子来说：理论（或学院派）心理学家对儿童能走路的年龄感兴趣；然而，动力心理学却必须考虑到一个事实，即一个孩子可能在焦虑的驱使下比正常情况更早地开始行走，或可能在情绪因素下推迟开始行走的时间。认为一个孩子第一次走路的日期就能准确地反映出他的行走能力，反映他在纯生理性和解剖学上的发育状态，这种理解就过于简单了。

智力测试这一重要的主题也说明了，理论（或学院派）心理学家对儿童能力的研究，是建立在大脑这种功能器官的基础上的。理论

（或学院派）心理学家对任何能够消除情感因素的干扰，让智力测试结果尽可能"纯粹"的方法都很感兴趣。但当临床医生使用智力测试结果时，他又必须加上之前特意消除的动力心理学因素来重新评估他所得到的结果。精神科的访谈与测试式的面谈本质上是不同的；两者不能混为一谈。对于一个人来说，要同时胜任两个角色，既是会做测试的心理学家，又是精神病学家，这是很困难的。

事实上，精神科医生专门利用情感的复杂性进行工作，而这正是理论（或学院派）心理学家试图消除的影响因素。精神科医生的目的不是做一个测试，而是要参与到病人的情感生活模式中，去感受如此卷入的感觉，去了解病人而不是仅仅知道这个病人的测试结果。

在这些问题上，社会工作者与精神科医生处于相同的位置。

乍一看，理论（或学院派）心理学似乎比动力心理学更科学。在临床医学和精神病学中，都有一些人其实更适合实验室里的工作。然而有一个事实是，人是由情感和情感模式组成的，知道了心理的轮廓并不等于了解了一个人的心灵。儿童精神病学的临床问题主要涉及心理、人格、人以及情感的内在和外在生活[1]。

作为顾问的医生

经常会发生一种情况：一个医生发现自己处于错误的位置，他本来是生理医学的权威，却被期望成为心理学的权威。他可能会识别情绪疾病，然后把这个问题转介给精神科的同事。然而，当他被期望深刻了解情感发展的正常过程时，这很可能已经超出了他的能力范围。他没有接受过向父母提供建议如何培养一个正常孩子的训练，当然，他可以利用自己作为父母的经验，但心理学并不是通过父母观察自己

---

[1] 话虽如此，但必须强调，作者并没有贬低理论（或学院派）心理学的意思，他尊重并承认理论心理学所做出的贡献。

的婴儿和他们自己来学习的。

事实上,对婴儿情感发展的研究,以及对父母照料和儿童养育的研究,是一门非常复杂的科学学科,对学习者的要求很高。这不是"对孩子好"的问题;这是完全不同的问题。可以补充说明的是,如果父母作为父母取得了成功,他们不会意识到自己取得成功的因素是什么。可以说,相比于成功,如果他们失败了,他们反而更有能力就儿童养育的问题提供建议。正是失败,才可能导致他们以客观的方式去探究儿童养育的主题。

显然,对儿童的身体护理了如指掌的儿科医生也不能忽略儿童精神病学的问题。相反,他们需要对此付出努力,而且由于这并未包含在医学院学生的课程中,所以他们必须去主动适应这样一门新的科学并逐渐建立一种新的技能。如果儿科医生需要这样,那么教师和社会工作者也同样需要。

身心二分法

没有什么比心身障碍的治疗更需要了解这些问题了。在实践中,很难找到一个身心取向的儿科医生,能够轻松地与精神分析取向的心理治疗师平等合作,彼此相信对方的职业操守,彼此了解对方的工作。而现实情况是,孩子不仅仅在内心感受上被生理因素和心理因素来回撕扯,在外部现实里也被医生之间的拔河所撕裂。因心身失调而需要住院治疗的儿童,要么被送进医院病房,由一名身心取向的儿科医生负责,要么进入成人精神病院或专门处理困难儿童的收容所等机构,其结果是儿科医生不再与之有联系。确实存在一些门诊诊所,儿童可以在很长一段时间内在那里就诊而不会被贴上躯体疾病患者或精神疾病患者的标签,只有这种情况可以为心身医学的实践提供唯一良好的背景模型。

儿科与儿童精神病学

儿科和儿童精神病学之间关系的发展可以用以下术语来表示。儿科医生期望将全部精力投入躯体疾病的研究中，以生理科学作为自己的武器。儿科吸引了那些对生理科学兴趣浓厚的人。在儿科学之外，最终出现了一项关于健康身体的研究。儿科通过对成长问题的研究做出了自己特有的贡献。生理研究引导儿科医生逐渐了解婴儿在完全依赖阶段的生理需求。

儿科呈现出将实验室成果用于临床的趋势。病房几乎变成了实验室。门诊部也趋向于将条件设置得与病房保持一致。

然而，儿科医生对健康儿童的研究，越来越多地需要接近儿童自然发展的条件，而远离实验室里受控制的条件。因为如果没有对儿童作为一个自然人的理解和同情，临床医生就无法开展工作，他必须参与到儿童在成长过程中对环境的使用，以及所有的养育细节中。因此，作为临床医生的儿科医生不得不转向精神病学，发现自己在儿童照料这个问题上处于顾问的位置，尽管事实上他并不太胜任这个角色。

"二战"结束后，英国的儿科以躯体研究为取向，在躯体研究方面取得了巨大的成就。由于这些成就，躯体疾病的数量已经明显减少，并且随着儿科服务在全国的普及，躯体疾病的数量有望继续稳步下降。

到现在，关于婴儿和不同年龄儿童的正常情感发展，以及精神病理学的研究也已经做了大量的工作；此外，对精神分析师和儿童分析师的培训也得到组织与发展。多年前，弗洛伊德指出，在治疗成人神经症障碍时，精神分析师会不断触及成年人心中的儿童或婴儿；这意味着最终我们有可能直接对儿童甚至婴儿，以及在儿童养育这个领域进行预防性的工作。正如已经证明的那样，我们有可能在儿童仍处于依赖期时治疗儿童精神病。现在儿科有一种日益增长的趋势：既关注躯体方面的发展，也关注情感方面的发展，与此同时，还关注人格的发展以及儿童与家庭和社会环境的关系的发展。

精神分析与儿童

精神分析师对儿童的理解也比以前有所发展。这种发展可以这样来描述：执业的精神分析师治疗着各种各样的成年病人——那些被认为是正常的，那些神经症水平的，那些有反社会倾向的，以及那些处于精神病边缘的成年人；治疗过程中，精神分析师关注着病人当前的问题，同时发现，他的主职工作也吸引他去研究病人的童年，甚至婴儿期。因此，在他的经验中，下一步可以是治疗青少年、儿童和幼儿，并参与到真正的儿童的情感生活中，而不是成年人内心中的儿童。他进行儿童分析，参与儿童精神病案例的处理，并与父母讨论婴儿的照料问题。心理治疗更有利于精神分析师从整体研究儿童的成长，因此，由情绪障碍引起的身体健康问题自然会进入分析师的工作领域，与此同时，躯体疾病所引发的情绪问题也在此列。当然，治疗躯体疾病仍需要以生理为研究方向的儿科医生在过去一个世纪中所积累的知识。

需要提醒精神分析师的是，儿科医生认为身体健康是理所当然的，这得益于生理儿科在预防方面的成就，也得益于助产术近几十年的发展，这些发展成果大大降低了婴儿死亡率，使分娩变得相对安全。

但谁来真正关注儿童的整体状况呢？

儿童患者

精神病学问题的各个方面

现在,让我们来考虑一个与处于治疗状态的儿童有关的人所面临的问题。会出现三种现象,它们相互关联,为了方便描述,我把它们区分开来。(下面的叙述,都以躯体健康为假设前提而展开。)

生活中正常的困难

正常或健康是与年龄相匹配的成熟,而不是没有症状。例如,一个正常的4岁的孩子会因为人际关系的冲突而经历非常严重的焦虑,这种冲突本质上是不可避免的,它根植于活生生的生活和对本能的处理。令人费解的是,在某些年龄,比如4岁时,正常儿童也可能表现出各种症状(明显的焦虑、乱发脾气、恐惧、强迫性、相关躯体功能的紊乱、戏剧化、情绪情感冲突等),而另一方面,一个几乎没有症状的4岁儿童却可能患有严重的疾病。当然,经验丰富的精神分析师可以透过现象看到本质,但是从未经训练的观察者,也包括以躯体为研究方向的儿科医生的角度来看,他们很容易认为,生病的孩子的表现看起来更正常一些。

童年期出现的神经症(或精神病)

从婴儿期到成年期,各个年龄段都可能出现精神疾病。防御组织为了抵抗无法忍受的焦虑而产生了一些症状,这些症状可以被识别、被诊断,甚至常常可以被治疗。在某些案例中,环境足够正常,而在另一些案例里,外部环境则可能是重要的致病原因之一。

潜在的神经症或精神病

精神科医生会留意到孩子身上出现的潜在疾病，这些疾病可能会在日后的压力，如创伤的压力、青春期压力、成年期和独立的压力中出现。儿童精神科医生的第三项任务非常困难，但并非不可能完成。我们可以用有序的假性自体这一相当普遍的现象来作为例子加以说明。一个有序的假性自体可以很好地融入家庭，或者可能与有疾病的母亲相处得很好，并且很容易被误认为是健康的。然而，它的背后隐藏着不稳定和崩溃的风险。

儿童精神障碍的这三个方面虽然是相互关联的，但在人类情感发展的任何理论中它们都是截然不同的。

情感成熟是健康的标志

精神科医生关注的是发展，个人情感的发展。在精神病学中，不健康和不成熟几乎是同义词。从精神分析师的观点来看，治疗的目的是使病人成熟——即使是在较晚的阶段。因此，儿童精神病学的教学是以儿童发展观为基础的。理论（或学院派）心理学则是一般情绪情感发展研究的重要补充。情绪情感的发展从很早的时候就开始了，大约从出生开始，然后直到成为成熟的成年人。成熟的成年人能够认同环境并参与环境的创造、维持和改变，在对环境做出认同时，也不会过多地牺牲个人的冲动。

什么比成年人的成熟更重要？这个问题的答案涵盖了整个庞大的儿童精神病学领域。下面，我试图通过回溯的方法，从最后的成年期开始，一直回溯到最早的婴儿期，对儿童心理学进行简要的阐述。

成熟的成年期

世界公民身份是个体发展中一项巨大而罕见的成就，个人健康或摆脱抑郁情绪几乎无法与之相比。除了个别的例子外，成熟的成年人享有的健康，是在自己归属于某一群体，获得其成员身份的基础上的，群体的规模越有限，"成熟"一词就越不合适。因此，我们可以看到，有些人在一个规模有限的群体中的状态是健康的，也有些人在努力进入更广泛的群体，却健康状况不佳，呈现某种病态。

青春期

成年期之前是青春期。

青春期的特征之一，是社会对青少年所赋予的期望并不太高，和其他任何事物一样，他们不被期望达到完全社会化。事实上，我们为青少年提供了自我限制性的团体，并希望每个独立的青少年都能够利用群体规模和范围的逐步扩展来发展自己，而这就需要青少年的归属感，对团体的忠诚。但青少年往往表现出叛逆的独立和依赖的混合状态。在这种情况下，青春期呈现出一种悖论。我们可以看到，每一种极端境况都理所当然地被认为应该由成年人来控制，因此，为青少年设计的团体在某种程度上必须有成年人的支持。

潜伏期

青春期之前是潜伏期。

人类儿童在五六岁时进入心理学上称为潜伏期的阶段，在这个阶段，本能背后隐藏的生物驱力会发生变化。在这一时期，教师完成了他们的主要工作，因为在这一时期，健康儿童暂时不受情感发展和本能变化的影响。

潜伏期有一些特定的特征：男孩会有崇拜英雄的倾向，以某些需求为基础，他们会与其他男孩拉帮结派或建立联系；这个阶段已经存在个人友谊了，有时这种个人友谊可能会与群体忠诚相冲突，但群体忠诚也会处于不断变化之中。女孩身上也有类似的特征，尤其是当女孩有与男孩类似的兴趣时，而她们在这个阶段很可能都会有这种兴趣。一些女孩会像母亲一样，享受待在家里、照顾其他孩子和购物的神秘乐趣，她们拥有这种模仿能力。

第一次成熟

在潜伏期之前，儿童会有第一次成熟。

在这个阶段，健康儿童[①]完全有能力做成人的梦或游戏，具有适当的本能以及由此产生的焦虑和冲突。只有在相对稳定的家庭环境中才能达到这种能力。在这一时期（大约从两岁到五岁），儿童拥有了大量的生活体验。按照成年人的标准，这个阶段被压缩成了很短的一段时间，孩子在这三年里成了一个完整的人，但值得怀疑的是，个体的整个余生是否就像这三年的延续：它们看起来十分相似，与所有人生活在一起，爱着也恨着，做着梦也玩耍着。

在这个时期，我们可以预料到，孩子可能表现出各种症状，如果这些特征持续存在或被强化、放大，就成为症状。这个时期的关键是焦虑，这也是神经症起源的时间点。这个时期的焦虑是指一种非常严重的体验，在临床中表现为做噩梦。焦虑产生于爱和恨之间的冲突，主要存在于无意识中。各种各样的症状要么是焦虑的泛滥，要么是一些有组织的防御策略，旨在防御令人无法忍受的焦虑。神经症的本质，就是这个年龄的孩子为应对本能焦虑而形成的、防御组织的刻板反应。无论神经症出现在哪个年龄段，其本质都是如此。

这一阶段存在着非常复杂的心理变化过程，我们现在已经理解了

[①] 这里的健康不是一个静态指标，而是一个会不断变化的、与其年龄相符的成熟状态，这里说的健康儿童，是指处于合适的成熟状态下的儿童。——编者注

其中很多内容，在弗洛伊德开始对儿童进行科学研究之前，这种理解是不可能出现的，而这项研究主要是弗洛伊德在治疗成人的过程中完成的。基于此，弗洛伊德对婴儿性本能的观点十分坚持，也认为本能及本能生活对这个年龄的孩子来说至关重要。尽管弗洛伊德的主要观点现在已经被接受了，但这一观点在当时却使得精神分析学不受大众欢迎。现在的困难在于如何理解作用巨大的内在驱力，它是这一时期出现的症状的原因，也是情绪健康的基础。无论是潜在的症状还是健康的基础，它们都可能在儿童五岁时获得并进入潜伏期。

婴儿期

在第一次成熟的阶段，孩子基本上已经卷入了三角关系，而在此之前的婴儿期，孩子只和母亲在一起。但是，是作为一个完整的人和另一个完整的人在一起。

在婴儿阶段和儿童进入三角关系的阶段之间有一条人为划分的界线；如此刻意地进行区分，是因为前者（婴儿期）也是一个很重要的阶段，属于这个阶段的焦虑有自己的特点。这个阶段的焦虑主要来自矛盾情绪，也就是说，对同一客体的爱与恨。与这一阶段相关的精神病学症状更多的是情感障碍、抑郁、偏执这些精神病性的疾病，与神经症的关联度不高。

婴儿初期

而在更早的生命最初阶段，婴儿处于高度依赖的状态，正在完成某些必不可少的初级任务，例如将人格整合为一个整体，在身体上感知内在的心灵，以及开始与外部现实有所联结。婴儿的依赖如此彻底，如果没有足够好的母亲的照料，这些早期任务就无法完成。从这个最初阶段产生的疾病是精神病性质的，通常用精神分裂症这个术语来描述各种紊乱症状。

现代医学对这个领域的研究十分积极。虽然有很多不确定的因素仍在讨论中，但根据已知的情况，心理的健康程度似乎真的是在开始阶段就已经被确定了下来，在这一阶段，婴儿在很大程度上依赖于母亲或母亲替代者，她们通过对婴儿的认同来适应婴儿的需求，而这种认同源于她对婴儿全身心投入、专注奉献的态度。

结论

通过这样倒推个体的心理发展历程，我们就从成年期回溯到属于最早期的绝对依赖状态。在从后者（绝对依赖状态）到前者（有参与创造、维持和改变环境的能力）的发展过程中，婴儿进行了非常复杂的个人发展，尽管它很复杂，但现在已经可以概括并在一定程度上准确地描述出来了。

儿童精神病学领域包括整个儿童的状态、儿童的过去以及儿童心理健康的潜力和成年人人格的丰富性的潜力。儿童精神科医生已经注意到了这样一个事实：在儿童个体的情感发展中包含了社会对家庭功能、社会群体的建立和维持的潜力。

[1958]

第十三章 精神分析对产科的贡献

应该记住，助产士的技能是建立在对生理现象的科学知识的基础上的，这使得病人对助产士有信心，而这种信心也正是病人所需要的。如果没有这种以生理知识为基础的技能，助产士学习心理学可能会是徒劳的，因为她无法用心理学来解决前置胎盘的风险。有了必要的知识和技能后，毫无疑问，助产士也可以加入心理学，通过对病人作为"人"的理解来大大提升自己的价值。

精神分析的位置

精神分析是如何进入产科领域的？首先，通过对个体长期而艰苦的治疗过程的细致研究，精神分析开始揭示各种异常现象背后的成因，比如月经过多、反复流产、孕吐、原发性宫缩无力，还有其他的躯体状况，很多都源于病人无意识的情感生活引发的冲突。关于这些心身疾病已经有很多论述了。然而，在这里，我关心的是精神分析的另一个贡献：我将试着以分娩的情况为例，简单阐述精神分析理论对医生、护士和病人之间关系的影响。

与二十年前相比，精神分析有了巨大的发展，它的影响也体现在助产士对产妇的态度上。现在的助产士普遍希望在自己已有的技能上，增加一些对产妇作为一个"人"的评估——这个人也经由分娩而出生，曾经是一个婴儿，曾经在父母身边玩耍，曾经对成长感到害怕，曾经体验过新奇的青春期冲动，曾经去冒险恋爱并且结婚了（也许正准备鼓起勇气结婚），现在，她或许是有意的，或者是偶然的，怀上了孩子。

住院的孕妇都很关心她将要回去的那个家，无论如何，孩子的出生会给她的个人生活带来改变，给她与丈夫之间的关系带来改变，给她与丈夫双方的父母关系带来改变。通常情况下，她和其他孩子的关系，以及孩子们对彼此的感情会变得更复杂，这都是意料之中的事。

如果我们从"人"的角度出发去开展工作，看到工作对象身上作为"人"的特质，那么工作就会变得更加有趣和有意义。在这种情况下，我们需要考虑四个人和他们的观点。

首先是产妇，她处于一种非常特殊的状态，这种状态看起来像疾病，但其实她是健康的；其次是孩子的父亲，在某种程度上，他与这个女人处于相似的状态，如果他的地位被忽略的话，结果将会造成巨大的缺失或匮乏；第三个人是婴儿，婴儿一出生就已经是一个人了，从婴儿的角度来看，好的照料和坏的照料是完全不同的；第四个人是助产士，她不仅是一名技术人员，她也是一个人，她有感受和情绪，也会兴奋和失望，也许她想做母亲，或者做婴儿，或者做父亲，或者轮流扮演这些所有的角色。大部分情况下，作为助产士，她是高兴的，但有时她也会感到受挫和沮丧。

分娩本质上是自然过程

我所说的内容始终贯穿着一个总的观点：自然之道是所有正在发生的事情的基础；作为医生和护士，只有尊重并促进这些自然过程，我们才能做好工作。

在助产士出现之前的几千年里，母亲生孩子这个现象一直存在，而最早助产士的出现很有可能是为了应对迷信。现代人对付迷信的方法是采用科学的态度；而科学建立在客观观察的基础上。以科学为基础的专业培训帮助助产士防止迷信行为。那么父亲呢？在医生和社会福利发挥作用之前，父亲们有明确的职能：他们不仅感同身受妻子的感受，陪妻子经历成为母亲的苦难，而且他们还要抵挡外部无法预测的危险，使母亲能全神贯注，只关心一个问题，那就是照顾她肚子里的胎儿或她怀里的婴儿。

对婴儿态度的改变

人们对待婴儿的态度一直在发展变化。我想，从古至今，父母都是将婴儿作为一个人来看待，他们在婴儿身上看到的远不止表面那么简单，而是一个完整的小男人或小女人。起初，科学界不认可这一说法，认为婴儿不仅仅不是一个小大人，而且在很长一段时间里，从客观观察的角度，他们认为婴儿在开始说话之前几乎都不具备人性。然而，最近人们发现，婴儿确实是独立完整的"人"，虽然更恰当的说法是，一个婴儿。

精神分析已经逐渐发现，即使是出生的过程，婴儿也不会遗忘，从婴儿的角度来看，有正常的或不正常的出生，但出生的每一个细节（如婴儿的感觉）都记录在婴儿的心中。比如，人们在象征（或模拟）婴儿所经历的各种游戏中得到快乐——翻身、跌倒、各种变化的感觉，从沐浴在液体中到干燥的环境中，从处于恒温的环境中到被迫适应温度的变化，从由脐带喂养到依靠个人努力获得空气和食物的感觉。

健康的母亲

助产士遇到的困难之一，是产妇经过诊断后，如何根据产妇的健康状况区别对待的问题（这里我指的不是身体状况的诊断，这必须留给护士和医生去处理，我指的也不是身体的异常；我关心的是精神病学意义上的健康和不健康）。让我们从正常的状态开始讨论。

健康的产妇不是一个病人，而是一个完全健康和成熟的人，完全有能力在重大问题上做出自己的决定，也许比照顾她的助产士更成熟。只是由于她当下的情况（分娩），她刚好处于依赖状态。她暂时把自己交给护士，而能够这样做本身就意味着健康和成熟。在这种情况下，护士和助产士尽可能地尊重母亲的独立性，甚至在整个分娩的过程中也是如此——如果分娩比较顺利和正常的话。同样，助产士也要接受另外一些母亲的完全依赖状态，对于这些母亲来说，她们当时只有把所有的控制权都交给护理人员，才能完成分娩的过程。

母亲、医生和护士的关系

我认为，正因为健康的母亲是成熟的或者是一个成年人，所以她不能把控制权交给一个她不认识的护士或医生。她首先要了解他们，这是在分娩前要做的一件重要事情。如果她信任他们，那么即使他们犯了错误，她也能接受，会原谅他们；如果她不信任他们，在这种情况下，整个分娩经历对她来说就是一种伤害；她害怕把控制权交给他们，并试图自己控制自己，或者实际上她害怕自己的处境；一旦出了什么问题，她都会责备他们，不管这是不是他们的错。而且，如果这些医护人员未能让她在分娩之前就了解他们，那他们也确实应该受到责备。

我把母亲和医护人员相互了解这件事放在首位，如果可能的话，母亲应该在整个怀孕期间都和他们保持联系。如果不能做到这一点，那么至少在预产期之前，必须与实际参加分娩手术的人有明确的联系。

如果医院的设置不能让产妇事先知道谁是她在分娩时的医生和

护士,那么即使它是全国最现代化的医院,有最齐全的无菌设备,这个医院也是不可取的。正是这种情况使一些母亲决定在家里生孩子,由家庭医生负责接生,只有在严重的紧急情况下才考虑使用医院的设施。我个人认为,如果母亲想要在家分娩,她们的想法应该得到充分的支持,如果总是试图提供最理想的护理环境,终有一天,家庭分娩就不再可行,对于人类来说,这将是一件坏事情。

应该由母亲信任的人向她仔细解释新生儿出生的完整过程,这对消除母亲通过自己的方式得到的那些令人恐惧的错误信息很有帮助。健康的女性最需要这样做,她们也能够最好地利用这些事实。

一个健康的、成熟的、与丈夫和家庭关系正常的女性到了分娩的时候,她仍然需要护士所掌握的技能的帮助,这也是事实。她需要护士的存在,如果出现问题的话,需要护士在正确的时间以正确的方式提供帮助。但同时,分娩是在自然力量的控制下,像吞咽、消化和排泄一样自动的过程,越是能够自然地完成这个过程,对母亲和婴儿就越好。

我的一个病人,已经有了两个孩子,现在正在经历一个非常困难的治疗过程,为了摆脱她那难相处的母亲对她早期的影响,她自己不得不重新开始——她这样写道:"……即使一个女性在情感上已经相当成熟,在她分娩和婴儿出生的过程中,她也会放弃很多控制感,转而希望有一个人能够照顾她,给予她所有的关怀、体贴、鼓励和理解,就像一个孩子在生命发展中遇到每一个新的难关时,都需要母亲陪着他渡过一样。"

不过,在人类的自然分娩过程中,有一件事不能被忘记,那就是人类婴儿有一个格外大的大脑袋。

不健康的母亲

助产士护理的病人（产妇）中，有一些健康、成熟的女人，也有一些病态的女人，她们情绪不成熟，或者对女人在自然喜剧中所扮演的角色不能适应，或者是抑郁、焦虑、多疑，或者是头脑混沌。在这些情况下，助产士和护士必须能够做出准确的诊断，这也是为什么需要在产妇进入特殊和不舒服的状态之前，让助产士、护士和产妇之间有一些相互了解的另一个原因，这种状态属于妊娠晚期。

因此，助产士需要接受一些专业培训，以便能诊断出患有精神疾病的患者，这样她就可以把那些健康的人当作健康人来对待，而给那些不成熟或不健康的母亲提供一些特殊的帮助。如果说正常的产妇需要指导，那么生病的产妇则需要安慰；病态的产妇会使自己成为一个令人讨厌的人，十分考验护士的容忍度，如果产妇变得躁狂，也许她还需要受到管束。护士可以基于常识，选择应该满足产妇的需求，还是选择不满足产妇的需求。

对于健康的父母来说，通常情况下，助产士属于家庭的雇员，向雇用她的家庭负责，她被雇用来提供帮助，也能够通过帮助别人而感到满足。但在母亲患有某种疾病时，母亲已经不能被视为一个完整的成年人，这种情况下，助产士就是与医生一起管理病人的护士——她的雇主是医院的公共服务系统。但是，如果这种对疾病与非常态病人的护理方式侵蚀甚至代替了正常的自然孕产过程，那也是可怕的。

当然，许多病人介于这两种极端情况之间，这两种极端情况是我为了方便描述而设计的。我想强调的是，即使观察到母亲有歇斯底里、易怒或自我毁灭的倾向，助产士也应该给予她如同健康人一样的尊重，同时提供应有的情绪帮助；助产士不应该因此就把所有病人都视为处于幼稚状态，事实上，大多数人都有自我照顾的能力，除了那些必须交给护士处理的实际问题。因为最好的状态就是健康；健康的女人成为母亲和妻子（和助产士），她们为生活常态增加了丰富的内容，而这里的"常态"就是没有发生意外，这就是成功。

对母亲和新生儿的照料

现在让我们考虑一下母亲在孩子出生后，她在照料中和新生婴儿产生的最初关系。当我们给母亲一个自由发言和回忆的机会时，我们经常会遇到以下这样的评论（我引用了一位同事对一个案例的描述，我自己也一次又一次地听到同样的话）：

> "这个来访者是正常出生的，并且是他的父母都想要的孩子。显然，他一出生就已经可以吮吸得很好了，但实际上在36个小时后他才接触到母亲的乳房。接下来他变得很难照顾，经常昏昏欲睡，并且在接下来的两个星期里，他的母乳喂养情况非常不令人满意。母亲觉得护士们没有同情心，她们并没有留给她足够长的时间来照料孩子。她说护士们强迫他张开嘴巴接受乳头，按住他的下巴让他吮吸，捏他的鼻子让他离开乳房。当她带着孩子回到家之后，她觉得自己建立正常的母乳喂养没有任何障碍。"

我不知道护士们是否知道这个母亲的抱怨。也许她们从来没有机会听到有关自己工作的言论，当然，母亲们也不太可能向护士抱怨，因为她们确实觉得多亏了护士，她们才可以顺利生产。而且，我也不能相信妈妈们对我说的，就是一个真实准确的画面。我必须做好准备，在这些描述中去寻找想象力所发挥的作用，事实也确实如此，因为我们的个人经验不仅仅是一堆事实，还有事实带给我们的感受，以及这些感受与我们的幻想交织在一起所形成的认知，都是生活的一部分。

敏感的产后状态

在专业的精神分析工作中，我们确实发现，刚生完孩子的母亲处于一种非常敏感的状态：她在最初的一两个星期内，很容易相信身边有一个女人是迫害者。我相信在助产士身上也有一种与母亲的假想相对应的倾向，在这个时候，助产士很容易成为一个支配性的人物。这两件事经常会同时发生：母亲感到被迫害，而护理月子的护士却在恐惧（而不是爱）的驱使下进行工作。

这种复杂的状况往往通过母亲解雇护士来解决，这对所有的相关人员来说都是一个痛苦的过程。而比这更糟糕的是护士获得了胜利，取得了主导者的权威，这时母亲再次陷入绝望的顺从，母亲和婴儿之间的关系无法建立起来。

对于这个关键时刻，我无法用语言描述是什么巨大的力量在起作用，但我可以试着解释一下这个过程。有一件非常奇怪的事情正在发生：母亲身体已经精疲力竭，可能不能自理，在很多方面都依赖于护士和医生的护理，但与此同时，母亲也能以一种对婴儿有意义的方式恰当地向婴儿介绍这个世界。她知道如何做到这一点，不是通过任何训练，也不是因为聪明，只是因为她是孩子的母亲。

但是，如果她因为心存恐惧而放弃了主导者的位置，或者孩子出生时她没有看到，只有在权威人士认为适合喂养的规定时间，孩子才被带到她身边，她的这种自然本能就无法得到发展。生命规律不是这样起作用的。母亲的乳汁并不像排泄物一样会自动流淌，而是一种对刺激的反应，这种刺激就是母亲看得到她的婴儿、闻得到她的婴儿，并且能够感觉到她的婴儿。婴儿的哭声也是对母性本能的一种刺激。这都是同一回事儿。在母亲对婴儿的照顾过程中，周期性喂养就是母亲与婴儿之间的一种交流方式——宛如一首没有歌词的歌。

两种对立的特性

在这里，我们一方面有一个高度依赖他人的母亲，同时，在同一个人身上，她也是哺育婴儿的最精妙的专家，在开始母乳喂养的过程中，以及照料婴儿的整个忙碌过程中莫不如此。对于一些护士来说，很难考虑到母亲的这两种对立的特性，因此她们试图影响喂养关系，以为就像她们可以控制直肠负荷过重的病人排便一样。但结果是：她们正在做一件不可能的事。很多进食障碍就是这样产生的，即使最终形成了奶瓶喂养，这仍然是发生在婴儿身上的一种分离，而且没有恰当地与婴儿照顾的整个过程结合起来。在我的工作中，我不断地努力改变这种错误。在某些情况下，这种错误实际上是由一个护士在婴儿出生的几天或几周内开始的，而她并没有意识到，尽管她在自己工作方面是一个专家，但她的工作并不包括让婴儿和母亲的乳房建立联系。

此外，助产士也是有感情的，就像我说过的，她可能很难站在一边看着婴儿在乳房旁浪费时间。她想把乳房塞进婴儿的嘴里，或者推着婴儿的嘴去找乳房，但婴儿的反应是退缩回去。

另外一点是：几乎所有母亲都或多或少地觉得，她是从自己的母亲那里偷来的自己的孩子。这起源于她与父母一起玩耍时，起源于她还是个小女孩时做的梦，她的父亲是她的梦中情人。因此，她很容易感觉到，甚至一定会感觉到，护士就是那个怀恨在心、来把孩子带走的母亲。护士对此不需要做任何事情，但如果她能够避免把婴儿带走，这就很有帮助。事实上，只在喂食时间把婴儿裹在围巾里交给母亲，这种带走其实剥夺了母亲与婴儿的自然接触。最后这种方式不是现代的养育方法，而是一直都在进行的普遍的处理方法。

即使护士采取了一些方法，让母亲有机会恢复她的现实感——其实母亲在几天或几周内会自然地恢复现实感——但隐藏在这些问题背后的梦、想象和游戏仍然存在。也有些偶然情况：护士预料到雇主会认为她是一个迫害别人的人，即使她并不是这样，即使她非常地理解和宽容。容忍这一事实是她工作的一部分。通常到最后，母亲会恢复健康，会将她看为正常的护士。作为一名护士，她试着去理解，但她也是人，因此，她的宽容是有限度的。

还有一些母亲存在某种程度的不成熟，或者在早期成长历史中有过被剥夺的经历，这样的母亲很难放弃护士的照顾，用自己的方式独自照顾婴儿，因为她自己也需要被当成孩子一样地照顾。这样的母亲在失去一个好护士的支持时，会给下一个阶段带来非常现实的困难，无论是母亲离开护士，还是护士离开母亲。

通过这些方式，精神分析给助产术和所有涉及人际关系的工作增加了个体对彼此和个人权利的尊重。社区工作、医疗和护理工作都需要技术人员，但这里的工作对象是人而不是机器，这些领域的技术人员需要研究人们的生活、想象、内在经验和成长方式，才能更好地开展工作。

[1957]

第十四章 给父母的建议

这一章的标题可能会有些误导。在我的整个职业生涯中,我一直避免提供建议,而且,如果我在这里的目的实现了,结果将不是其他的工作者会更好地知道如何给父母提供建议,而是他们会感觉比现在更不愿给父母提供建议了。

然而,我不希望将这种态度过分夸大。医生可能被问道:"孩子被诊断为风湿热,我该怎么办?"青少年的风湿热容易累及心脏,形成心肌炎或心内膜炎,因此医生会建议父母把孩子放在床上,让孩子安静待在那里,直到医生认为心脏病的危险结束。或者,如果护士在孩子的头发上发现了虱子,她就会给予指导,让孩子安全地消灭虱子。换句话说,在躯体出现疾病的情况下,医生和护士是知道处理方法的,他们受过专业训练,如果他们并不采取相应的行动,就是他们的失职。

但是,许多没有躯体疾病的孩子也需要我们的照料。例如,在怀孕生产的案例中,母亲和婴儿通常都是健康的,不需要治疗,但需要照料。有时,对健康个体的照料比疾病更难应对。有趣的是,当医生和护士面对与躯体疾病或畸形无关的问题时,他们会感到困惑,因为与他们在健康状况不佳或确诊疾病方面的训练相比,他们没有接受过健康方面的训练。

关于"给建议"这个主题，我根据观察，将建议的形式分为三类：

1.对疾病的治疗与对生活的建议之间所存在的区别。
2.接受问题本身，而不是提供一个解决方案。
3.专业访谈。

对疾病的治疗与对生活的建议

今天的医生和护士对心理学的关注越来越多。在他们关心生活情感或感受方面时，他们需要明白一件事情，那就是他们并不是心理学专家。换句话说，一旦他们到达这两个领域——躯体疾病和生命在成熟之前存在的天然不足——之间的边界，他们就必须对父母采用完全不同的技术。让我举一个简单的例子：

> 儿科医生给一个孩子看诊，因为孩子颈部腺体有些问题。他做出诊断，并告知母亲，给她诊断结果和拟采取的治疗方案。母亲和孩子都喜欢这位儿科医生，因为他善良、富有同情心，而且在体检时对孩子处理得很好。医生了解了最新情况后，给母亲留了时间让她来谈谈她自己和她的家庭。这位母亲说，这个男孩在学校并不快乐，而且很容易受到欺负；她在考虑是否要给这个男孩换一所学校。到这里为止，一切都很好，但此刻发生了变化，医生习惯了在自己的领域提供建议，于是他对母亲说："是的，我认为换一个学校会很好。"

在这一点上，医生已经超出了他的专业领域，但他仍然保持着他的权威态度。这位母亲不知道，他之所以建议换学校，只是因为他最近给自己一个被欺负的孩子换了学校，所以这个想法在他的脑海里还很新鲜。如果是另一种个人经验，就可能使他给出反对换学校的建议。事实上，医生没有资格给出建议。当他听母亲讲故事时，他正在履行一项有用的职能，但他完全没有意识到，自己接下来的表现很不负责任，他给出了建议，这是完全没有必要的，因为没有人询问他。

在医疗和护理工作中，这种事情随时都在发生，只要医生和护士明白，他们不必为他们的患者解决生活问题，因为他们的患者往往比提供建议的医生和护士更成熟，那么这种事情就会停止发生。

下面的例子说明了另一种可选择的方法：
　　一对年轻的父母带他们八个月大的婴儿去看医生，这是他们的第二个孩子。这个婴儿"无法断奶"。孩子并没有生病。一小时后，医生发现，原来是孩子的外祖母曾送孩子的母亲去看过医生。事实上，是外祖母很难让婴儿的母亲断奶。这背后是一种抑郁情绪，外祖母和母亲身上都存在。当这一切得到呈现时，母亲惊讶地发现自己泪流满面。

这个案例的关键，是因为母亲认识到问题出在她和自己母亲的关系上——在这之后，她就可以处理断奶的实际问题了，断奶使她必须像爱孩子一样对他不心软。建议起不了多大的作用，因为关键点在于情绪的重新调整。

医生在自己的专业范畴之外给出意见的现象十分常见。下面这个案例是关于一个女孩的，她十岁的时候我给她做过治疗：
　　她的问题是，尽管她很喜欢父母，但作为独生女，她一直让父母很不愉快。一份详细的历史记录显示，困难始于孩子八个月断奶时。断奶很顺利，但离开乳房后，孩子就再也不能享受食物了。三岁时,她被带到医生那里,不幸的是,医生没有看到孩子需要的帮助。那时她已经坐立不安了,也不能坚持玩游戏,而且一直是个"讨厌鬼"。医生却说:"高兴点儿,妈妈,她快四岁了!"

另一个例子是父母在经历断奶困难时咨询儿科医生:

医生检查了孩子,没有发现任何问题,他将检查情况告诉了这对父母。但他又更进了一步,让母亲立即完成断奶,母亲照做了。

这个建议谈不上好或者坏,只是不合时宜。它正好切断了母亲关于让孩子断奶的潜意识冲突,而这个孩子可能是她唯一的孩子(她已经三十八岁了)。当然,她听从了专家的建议;不然她还能怎么做呢?——可是医生根本就不应该提供这个建议。他应该坚持自己的工作职责,把对断奶困难的理解交给另一个人,一个可以把生活和人际关系的问题扩展到更广泛领域的人。

不幸的是,在日常医疗工作中,这种现象并不罕见。我举另外一个例子,一个相当长的例子:

一位女士打电话给我,说她在一家儿童医院工作,但想用另一种方式谈一谈她的孩子。预约后,她带着快七个月大的孩子来了。年轻的母亲坐在椅子上,把婴儿放在腿上,很方便我观察这个年龄的婴儿。我的意思是,我可以和母亲交谈,又可以在没有她帮助和干扰的情况下观察孩子。我很快发现母亲是一个相当正常的人,很容易对孩子流露出感情。孩子在她的膝盖上没有乱晃,也没有虚假动作,很自在。

婴儿的出生很顺利。这个婴儿"生下来就困",这让她很难接受；事实上，孩子一直不容易清醒。这位母亲描述了在产房是如何让婴儿吃奶的。她想用乳房哺乳，而且她也可以这样做，但她还是按每周的量挤出母乳，用奶瓶装着，让她的姐姐喂孩子。她的姐姐不停地把奶嘴从孩子的嘴里推进抽出，挠孩子的脚趾，上下颠动孩子，但所有这些都没有效果，而这种模式一直持续着，甚至在很久以后，这个母亲发现，只要她试图喂养婴儿，孩子就会睡着。

在一周的周末，他们尝试用乳房喂养孩子，但是不允许母亲用她的直觉来处理对婴儿需求的直观理解。这对母亲来说是极其痛苦的。她觉得没有人真心希望喂奶成功。她不得不坐起来，却什么都不能做，而她的姐姐则竭尽全力地让婴儿吃奶。姐姐通常很和善，也很熟练，她托起孩子的头，把婴儿的嘴推到乳房上，这样一遍遍地做着。但这样重复了一小会儿之后，只是让婴儿产生了更深的睡眠。然后他们放弃了乳房喂养。在这种扭曲的尝试之后，情况明显更恶化了。

但是突然，在孩子两周半的时候，情况有了改善。一个月大的时候，婴儿体重2.89千克（出生时3.00千克），然后婴儿和母亲一起回了家。母亲被告知用勺子喂婴儿。

这位母亲发现自己其实可以很好地喂养自己的孩子，尽管此时乳房已经不能再提供母乳了。她每次喂婴儿一个半小时，然后她调整了方式，准备增加次数，每次缩短时间。但这时，一家儿童医院因为孩子的某些身体异常而开始关注这个孩子，并在医院门诊部给出了建议。这个建议似乎是基于这样的想法：这位母亲对于喂养孩子一定是很不耐烦了。而事实上，这位母亲很享受喂养她的孩子，根本不介意这是一门困难的艺术。她不得不违抗医生给她的建议。（她对此的评论是："下次我决不会带着孩子去医院了。")医院不顾母亲的抗议,进行了无数的检查,她自然也认为身体方面的问题必须交给医生来处理。检查发现,她的婴儿左前臂略短,有涉及软组织的腭裂。

由于婴儿身体上的异常,母亲认为有必要将她留在儿童医院接受治疗,但这意味着她不得不忍受医生关于喂养婴儿的建议,而这些建议通常是基于对她喂养态度的误解。她被告知,应该在婴儿三个月大时喂固体食物,以避免长时间或频繁喂食的麻烦。但这对于她没有用,她就把引入固体食物的问题抛在脑后。婴儿七个月大时开始想要吃固体食物,因为父母吃饭时她就坐在旁边。婴儿被允许偶尔尝一小块父母的食物,因此逐渐有了对另一种食物的概念。与此同时,她母亲一直用牛奶和巧克力布丁喂养,婴儿的体重达到了6.46千克。

这个母亲为什么要来看诊?她发现自己对孩子的喂养观点需要得到支持。首先,婴儿发育得完全符合年龄,也就是说,一点儿也没有发展滞后,而医院曾有过含糊不清的暗示,认为这孩子可能会发展滞后。其次,她很坦然地接受孩子前臂畸形的现状,但不愿意接受无数次的检查,尤其是她拒绝给孩子的手臂上夹板。很明显,母亲以一种更为敏锐的方式感受着婴儿的需求,这比医生和护士所能感受到的还要敏锐。例如,当医院仅仅为了做血液检查就要求让孩子在医院待一晚时,她就警觉了起来。她不同意,医院于是在门诊部进行了血液检查,没有让婴儿去住院。

因此,这个母亲的难处在于,她清楚地认识到孩子的躯体问题需要依赖医院,但她也需要努力面对这样一个事实:专注躯体疾病的专家还没有意识到孩子也是一个人。在孩子刚出生的前几周,医院就要给孩子的胳膊夹夹板,当母亲反对这样做时,她被明确告知,那么小的孩子不会被夹板绑住胳膊所影响，尽管她很确定孩子实际上已经受到了夹板所带来的不利影响；事实上，母亲看得出来，婴儿将会是个左撇子，而夹板一定会在这个至关重要的阶段阻碍左手的发展——在这个孩子需要伸出手，以抓握来创造世界的阶段。

这是婴儿（大概七个月大时）前来就诊时的情景：

当我走进房间时，婴儿的眼睛盯着我。她感觉到我在和她交流时，就笑了，并且很清楚自己在和一个人交流。我拿起一支未削尖的铅笔，拿到她面前。她看着我，仍然微笑着，用她的右手拿起铅笔，毫不犹豫地把它放到她的嘴里，她很喜欢它。过了一会儿，她换了左手握住它，依旧把它放进嘴里。唾液流了出来。就这样左右轮流地继续着，五分钟后，她像之前一样不小心把铅笔弄掉了。

我捡起铅笔还给她，然后游戏又开始了。又过了几分钟，铅笔又掉了下来，感觉不像是不小心掉下来的。她现在已经不怎么关心把铅笔放进嘴里了，有一次她把铅笔放在了两腿之间。她穿着衣服，因为我认为没有必要给她脱衣服。第三次，她故意把铅笔掉在地上，看着它开始滚动。第四次，她把铅笔放在她母亲的胸前，然后又把它丢在她母亲和椅子扶手之间。

这时，我们已经接近咨询的尾声，咨询持续了半个小时。铅笔游戏结束的时候，孩子已经玩够了，开始呜咽起来。在游戏结束的那几分钟里，孩子觉得该走了，但母亲还没有完全准备好，这时难免有几分钟的时间比较尴尬。这并不是什么难事，接着母亲和婴儿彼此都心满意足地走出了房间。

在这整个过程中，我一直在和母亲交谈，只有一次我不得不要求她别将我们谈论的内容通过动作来传递给孩子，例如，当我问到手臂时，她很自然地去翻起婴儿的袖子。

这次咨询除了让母亲在需要时得到支持外，没有取得什么重大的效果。她需要得到支持，因为她对自己的婴儿有非常真切的了解，而这一点必须得到维护，因为处理躯体疾病的医生们没有能力认识到他们的专业边界。

一位护士表达了更普遍的批评意见，她写道：

> 我在一家著名的私人产科医院工作过很长一段时间。我见过婴儿们挤在一起，睡在一张张紧挨着的小床上，整晚都被关在令人窒息的房间里，他们的哭声无人理睬。我曾见过一些母亲，她们的婴儿只有在要喂奶的时候才会被带到她们面前，婴儿的脖子上都挂着布片，胳膊被压着，护士把婴儿的嘴贴在母亲的乳房上，试图让婴儿吃奶，有时要持续一小时，直到母亲精疲力竭，泪流满面。许多母亲从未见过自己孩子的脚趾。拥有自己的专属护士的母亲情况同样糟糕。我见过许多护士虐待婴儿的案例。在大多数情况下，任何医生的命令都会被忽视。

事实上，在健康的情况下，我们一直致力于与自然的过程保持同步；人为的加快或延迟都是一种干涉。此外，如果我们能够调整自己适应这些自然过程，我们就可以把大多数复杂的机制留给自然，而我们就只需要坐下来观察和学习。

自身的问题

我已经在前面的叙述中介绍了这个主题。可以这样说：接受过生理医学训练的人有自己的特殊技能。问题是，他们是否应该超越他们的特殊技能，进入心理学领域，也就是说，进入生命和生活领域？我的答案是这样的：是的，如果他们能够集中精力，包容他们遇到的个人、家庭或社会问题的话，他们会允许解决方案自行出现的。这将意味着经历痛苦。这是一个需要忍受忧虑甚至痛苦的过程，包括个案的过去和历史，个体内部的冲突、压抑和受挫，家庭不和，经济困难，而且不是为了当心理学学生。一个人能够把他暂时掌握的东西回应给对方，那么他就做了能做的最好的事情。另一方面，如果一个人的行事风格就是采取行动，提供建议，进行干预，实现他或她认为有益的那种变化，那么答案就要改成：不，这个人不应该走出他或她的专业领域，即对生理疾病的治疗与处理。

我有个朋友做婚姻咨询。除了当老师外，她没有受过多少训练，但她的性格却可以让她在咨询期间接受来访者抛给她的任何问题。她不需要探究事实是否正确，也不需要探究问题是否以片面的方式呈现；她只是简单地接受来到她面前的一切，并承认这一切。然后来访者回家后，就会有一种不同的感觉，甚至常常能找到解决问题的方法，而问题本来似乎毫无希望解决。她的工作比许多接受过专业训练的人做得都要好。她几乎从不提供建议，因为她不知道该给什么建议，而且她也不是那种给别人提建议的人。

换句话说，那些发现自己从专业领域越界的人，如果能停止提供建议，就可以发挥自身的价值和作用。

专业访谈

心理学的实践必须在一个框架内进行。会谈必须安排在适当的场合，并且要有时间限制。在这个框架下，我们是可信赖的，比我们在日常生活中可信赖得多。在诸多方面，可信赖是我们需要的首要品质。这不仅意味着我们尊重来访者这个人，也意味着我们尊重他或她所确定的时间和所关注的问题的权利。我们有自己的价值感，因此我们能够在发现来访者的是非观后，留给来访者自己去思考的空间。道德判断一旦表达出来，就会绝对地、不可逆转地破坏与来访者的专业治疗关系。专业访谈的时间限制是供我们自己使用的；知道这一个治疗小节即将结束，可以让我们提前处理自己的不满，否则这种不满就会以不被我们意识到的方式悄然而至，破坏我们真正关心的那些工作。

那些以这种方式实践心理学的人，会接受这种局限，并在有限的时间内承受来访者的痛苦，他们不需要知道太多。但他们会学习；他们会受教于他们的来访者。我相信，他们通过这种方式学到的东西越多，他们就会变得越丰富，他们就会越不愿意给别人提建议。

[1957]

第十五章　患精神疾病儿童的个案工作

个案工作与心理治疗

首先，让我来澄清一下"个案工作"这个词语现阶段在社会服务培训中的含义。个案工作被描述为一个解决问题的过程。当一个问题呈现出来，"个案工作"就被用来描述一个特定机构在解决这个问题时的总体功能。另一个概念是心理治疗，心理治疗通常在没有伴随个案工作的情况下进行，因为儿童患者是由意识到孩子生病了的成年人带来的，而成年人在摆脱了抑制、强迫、情绪冲动等因素后，可以自己做自己的个案工作，这些能量来自潜意识的情感冲突。

这两个过程，即个案工作和心理治疗，在实践中经常并存，而且相互依存，不过我们要注意到，个案工作不能被用来有效地支持或修补一个失败的心理治疗，也不能取代心理治疗。

在个案工作和心理治疗这两种方法中，前者与社会的具体规则相关；也就是说，它是一种社会态度，这种态度是社会生活的一部分，也是当今普遍的社会责任感的一部分。此外，个案工作者的工作受到为其提供专业支持的机构的影响[1]。个案工作者的工作内容根据机构中具体规则的不同而不同。这限制了个案工作者的工作，与此同时也决

---

[1] 参见克莱尔·温尼科特（Clare Winnicott）所著《儿童照料与社会工作》第四章，由韦林市的科迪科特出版社（Welwyn: Codicote Press）1964年出版。

定了个案工作者的大部分工作，同时也保证了这些工作的有效性。

个案工作者应该尽可能多地了解人的潜意识。但在个案工作者的工作中，并不需要通过对潜意识的解释来改变事件发展的进程。工作者更多的是将来访者看到却不能完全理解的现象用语言表达出来："你病得很重"，或者"你觉得如果你有更大的房子，你的孩子就能更好地释放他们的攻击性"，或者"你害怕你的邻居，你想知道这种恐惧是合理的正常反应，还是你自己太容易恐惧而产生的过敏反应"，等等。心理治疗则不同，心理治疗师的工作主要是通过解释潜意识来完成的，通过对患者一系列个人冲突的模式进行解释，这些模式在治疗的专业设置中的某些特定时刻是合理的，或者说在那些时刻是合时宜的。

我的工作一直都被分为四部分。第一个部分是我在一家儿童医院做医生的工作。这是一种以门诊方式满足社会需求的尝试，而我在帕丁顿·格林儿童医院（Paddington Green Children's Hospital）的门诊已经像精神疾病的快餐店一样臭名昭著了。

第二部分工作是我们在帕丁顿·格林儿童医院心理部开展的工作，当精神科的社会工作者有地方容纳新的病人时，我们就把门诊部里的病例带到这里来。我觉得在这里我们更像是在做个案工作。

第三个工作内容是儿童精神分析的工作，并且我为要从事这项工作的人员提供培训。

最后，一直以来，我都在儿童精神病学方向进行个人执业。个人执业可能是最令我满意的工作内容了，因为我会承担这项工作的全部责任，除非我确实需要求助。我有很多失败的地方，它们确实是我的失败，它们一直盯着我的脸。在我个人的儿童精神病学的工作中，我认为我是一名个案工作者。

在个人执业的工作中，对经济收入的需要是显而易见的；并且在临床工作中我的口号一直是：真正需要做的事情有多少？只做真正需要做的事情。个案工作的经济收益可观。但它非常耗时，也令人担心，而且常常让人失望。

临床案例

我努力从数以千计的案例中挑选出一组比较典型的案例在这里简要介绍。第一个是鲁珀特（Rupert）的案例。

鲁珀特，一个十五岁的男孩，非常聪明，但严重抑郁，严重的神经性厌食症患者。他要求做精神分析，并且正在进行分析。按工作时间算，这是最低级别的个案，父母以分析师的工作为核心。分析师需要获得父母的支持，这也包括分析师和各种儿科医生之间的关系，他们会时不时地卷入到个案中来。这里有一个潜在的危险：如果男孩病得过重，父母可能会对分析师失去信心，那么在男孩的治疗过程中，父母整合各种因素的功能就会丧失[①]。

作为对比，我也提供我的一个失败案例，关于珍妮（Jenny）的案例：

珍妮，一个十岁的女孩，患有结肠炎。她从小就备受关注。一年来，这个个案一直是我在处理。那时我也另外在做一些心理治疗的工作。珍妮的个案工作进展很顺利，为此她的父母对我充满信心，而我却没有意识到隐藏在背后的极其复杂的问题。如果我当时知道这个家庭里真正生病的是珍妮的母亲，而且女孩的病

---

① 这个案例是由一位同事进行的治疗，十分成功。

在很大程度上是母亲严重的精神障碍的表现，我就会在做个案工作的同时给她做一些心理治疗，或者用心理治疗来代替个案工作。

但当时的事实是，我对这个孩子的治疗因为孩子重返学校后反复出现症状而中断了。我当时不知道这位母亲无法让她的孩子康复到足以上学的程度，尽管我知道母亲自己在珍妮的年龄也无法上学。我本应更认真地尝试解决这位母亲的问题，但这个事实阻止了我：母亲并没有意识到自己有问题，而且从我开始对女孩进行心理治疗，她的症状就几乎神奇地消失了。我因此错过了解决这位母亲的问题的时机。

治疗的失败显示，在这个案例中，当这个母亲不是一种整合的力量时，她就会是一种猛烈的失整合的力量。我发现，越来越多的医生和其他认为自己能够治疗女孩的人都被这个家庭所利用，甚至是在我对女孩进行治疗的同时。最终我退出了这个个案。

这个案例的核心是这位母亲，她将对女孩的责任分散开来，使任何一个人都无法掌控，但她并没有意识到这一点。孩子也知道她没有办法对付她母亲的这种倾向，她逐渐适应了命运，并且从令人绝望的疾病中获得了相当多的继发性利益。

这是一种可悲的状况，它十分典型地呈现了我在思考个案工作和有心理疾病的儿童的问题时经常遇到的情况。我发现，这个主题的发展使我一次又一次地想到"整合"和"失整合"这两个词。

起初，个案工作和心理治疗看起来像是两个独立的过程。当我们再仔细观察时，会发现在心理治疗的同时，总伴随有一些个案工作。我们总要做一些孩子父母的工作，或者当家庭在某种程度上不能令人满意，总是要提供一些替代性的选择。也许学校也必须被告知这些情况。在某些情况下，治疗师会与父母、学校教师和其他各种了解孩子的人进行讨论，而这些讨论都对治疗师的结论产生影响。"个案工作"这个词语相当宽泛地适用于所有这些个案处理中所做的工作，但这些并不是心理治疗。

人们开始怀疑，究竟是什么让个案工作有时变得至关重要。我们可以切换到另一个极端，环境已经完全崩溃的情况。此时，个案处理的必要性变得显而易见。然而，我认为，只有人们认识到个案中可能存在的失整合的力量，并且这些失整合的因素必须被某些整合过程所承接，我们才会做出个案工作的决定。这样一来，"个案工作"这个词语就被赋予了新的含义。即使所做的工作看起来是相同的，但在这里，个案工作开始跟一些动力上相反的事情产生关联。我试着以珍妮的案例来说明这一点：她的母亲在自己没有意识到的情况下，阻止她的女儿获得最好的治疗效果。这些破坏性的因素使个案工作产生动力，并且维持了个案工作的动力。

从下面的案例可以进一步观察到这种有关失整合因素的问题。

杰里米（Jeremy）是一个八岁的男孩，健康而强壮，但如果不抓着母亲的耳朵，他就无法入睡。这个家庭是个很好的家庭。这对父母全心全意维系着家庭的良性运转。他们把孩子的这个问题交给我们来解决。

在这个案例中，我把管理工作交给一名精神科社会工作者，事实上，这就是我使用这类工作者的方式；我把案例暂时交给他们，给予他们充分的专业支持，不要求他们对案例进行记录，只是希望他们不时向我汇报，让我知道案例是陷入困境了，还是已经结束了。

在这个案例中,母亲难以理解自己在产生和维持男孩的症状中所扮演的角色,而社会工作者能够处理这一点。这个案例实际上是一个健康的男孩陷入了对其母亲抑郁症的焦虑之中。男孩是独生子,他发现自己不可能从母亲对他的需要中解脱出来。目前,这个男孩已经能够外出上学了,他非常喜欢上学,只是他担心母亲会想念他。然而,他的母亲正在处理她的这一巨大丧失,而且我认为她正在重新转向她的丈夫,这是自从孩子出生以来她从未做过的。这样一来,问题就自己解决了。

这里的个案工作在于精神科社会工作者对这一问题的理解,以及她与孩子的母亲对这一问题的讨论,还有对这一案例持续的关注。父母把这个问题带来,想要解决这个问题,他们对我和社会工作者以及诊所都有信心。我想强调的是,这个案例是由我们和父母一起进行工作的。如果我们失去了他们的信任,那么他们就不能再团结目前的帮助力量了,而这些帮助力量正是我在背后支持的社会工作者们。

因此,我认为可以将我们的案例分为三个部分:
(1)从内部整合的案例。
(2)存在失整合因素的案例。
(3)带有环境崩溃特征,且环境崩溃已经成为事实的案例。

第一类案例的工作核心,是落实父母所做的或将要做的事情。第二类案例中,个案工作需要发展一种动力,以满足失整合的因素。第三类案例则需要个案工作者组织或重新组织环境。很明显,第二类案例需要面对最严重的问题,而且往往会失败,因为我们缺乏做这类工作的权威性。

这里有此类的案例,可以对这一点进行检验。

一位母亲带来了一位八岁的男孩——詹姆斯(James),他尿裤子,不想学习就不学习,还逃避新的环境,逃避人,逃避所有现实。母亲说,孩子的父亲有严重的情绪问题。这些情绪问题造成了家庭的紧张氛围。此外,每当母亲不得不对男孩采取强硬态度时,父亲往往会站在男孩的这一边来反对母亲。

在深入了解这个案例的细节后,我发现了一个补充情况。这个男孩的父亲已经离开了家,并且正忙着建立一个新的家庭;母亲不断寻找机会让男孩更清楚地接受现实;而男孩也已经开始利用家里的其他男人来替代父亲。他显然更喜欢这些男人支持母亲,而不是支持他来反对母亲。他很喜欢他们,而且总的来说,现在比之前(很长一段时间)都要更快乐和自在。伴随着这一切的发生,他的症状也开始有所减轻。

因此,在这种情况下,我决定不见这个男孩。当我让这个母亲知道,她能控制局面,让男孩开始从他父亲的不良影响中恢复过来时,这个母亲非常欣慰,而且男孩似乎也有能力做到这一点。如果我贸然插手,我就会破坏母亲的满足感,而这种满足感本身就源于她有能力帮助自己的孩子。另一方面,如果有人要求我参与到这个案例中来,我在背后也能很好地参与,因为我已经仔细了解了这个案例的病史,并对案例的动力形成了自己的看法。

如果我介入了这个案例,如果我对这个男孩做咨询,我要么失败,要么成为一个相当重要的父亲的替代品。而在后一种情况下,我必须能够持续地作为替代者,直到他不再需要我,否则我就是在对这个男孩造成第二次伤害。

现在，让我们来看看安东尼（Anthony）的案例：
  我第一次在我的诊所见到这个男孩时，他只有八岁。他现在是一个男人了；也就是说，他在世界上的某个地方，我也不太清楚他在哪里。我现在仍然不知道这个长程的个案是否有一个成功的结果，因为想要知道的话需要查找诊所的所有资料。

  在这个男孩的生活中，除了我诊所的存在之外，没有什么是稳定持久的。在他漫长的成长过程中，除了我自己之外，诊所的所有工作人员都换了好几次了。这些年里，这个部门一直在持续地整合这个男孩的环境供给；在整个阶段，没有其他任何事情这样积极地持续着。

  安东尼的母亲在安东尼很小的时候就把他从父亲身边带走了，但她又开始了她自己的生活。在男孩大约三四岁时，她把他送回了父亲身边。安东尼的父亲是一个情绪非常不稳定的男人，有躁狂抑郁气质，也存在反社会倾向。当我接手这个案例时，男孩的父亲已经再次结婚并且又有了一个女儿，而安东尼是由他的父亲和继母带进诊所的。继母完全支持他的父亲，而且完全认同他的观点，其中包括对社会奇怪的敌视，并且声称应该由社会，而不是孩子的父亲来教育这个显然天资聪慧过人的男孩。这个男孩的智商特别高，我们在后来的测试中发现了这一点。

  也许在这个案例中，主要的困难是我们要避免让自己对这对父母（主要是对孩子的父亲）的恼怒影响到对这个男孩的积极态度。这个男孩看起来非常不讨人喜欢；除了眼睛有斜视外，他的长相看起来很痛苦，似乎没有一点儿优点。但一位给他做心理治疗的社会工作者最先告诉我，如果单独与这个男孩待在一起，给他一个展示自己的机会，男孩其实很不错。

　　安东尼有很强的偷窃和说谎的倾向，他被带到我这里来，最初是因为他对自己的粪便以及玩自己的粪便有强迫症。他的继母不可能让他和自己的女儿一起住在他们现在的公寓里，而且这对父母也永远不会购买足够大的公寓，不会安排任何房间给这个男孩，尽管他们买得起。而且显然，安东尼也不能被安排和他同父异母的妹妹同一个房间。

　　父母的态度就是指责我们以及任何他们可以与之谈及这些情况的人。孩子的父亲一直责怪我把孩子送到适应不良儿童的医院。他们希望这孩子能去一所著名的公立学校，并为此做好准备，他们完全打算不为此付出任何代价。然而，在我们把他送到那里之前，必须找到一个能忍受他的脏脏和强迫症的人来照顾他。其间更换了很多次照料者，而诊所始终与男孩和他的照料者保持着联系。在这段漫长的时间里，伦敦郡议会为这个男孩支付了费用，使他接受了非常好的教育。然而，即使是伦敦郡议会，也必须得到其他各个部门的帮助，如行政部门和其他部门。我的诊所出具的文件中指出，不能仅仅因为孩子的父亲病得很重，是个令人气愤的人，就拒绝给予孩子帮助。最终，男孩的继母也离开了他的父亲，而她也变成了一个完全不同的人，能够比以前更客观地看待男孩的父亲，并提供给我们这个男孩经常面临的极端困难或几近绝望的处境。

　　这个男孩决心在他认可的两所大学中选择一所，争取获得奖学金。他首先尝试了剑桥大学，但失败了，然后他又尝试了牛津大学，我想他又失败了，但他从未告诉过我。然而，为了申请这些奖学金，他确实直到最后一刻都需要帮助，因为他的父亲无

第十五章 患精神疾病儿童的个案工作

法在任何他需要的时候给予支持。这种情况下，我的诊所给了这个男孩十英镑，让他能够参加考试。我认为，毫无疑问，他失败了。但如果有一天，当他在某个商业公司以自己的学术能力获得了物理学家的地位，他将再次进入我们的生活。毫无疑问，他本可以在大学里将学术研究做得很好，但父亲的影响使他决心去牛津或剑桥，然而他并不适合这些大学，因为他的病史和一些残余的症状表明了他有被压抑的同性恋倾向，也表明在潜意识层面他与父亲人格中所有存在问题的部分有紧密关联。

这个案例涉及的工作量很大，有一个很重的文件袋，给每一个需要联系的权威的信件都放在里面。也许整个案例都是失败的，这个男孩可能只会变成一个看似绅士的骗子。我们无从说起，但我们必须为他提供一些整合的和持续的帮助，否则他注定会成为一个罪犯，并且过着犯罪的生活。迄今为止，在所有案例中，它最能说明个案工作的工作性质。伦敦郡议会花了一大笔钱把这个男孩留在这样一所学校，如果以他的智力水平来衡量，这所学校已经足够好了。尽管提供资金并不是个案工作的一部分，但当他的父亲以一种近乎匪夷所思的方式让他失望时，我们确实从一个特殊基金中给了他十英镑的援助。

这个案例中的失整合因素是父亲对社会的令人气愤的态度。没有人不被他激怒。我通常不会因为父母的刁难而生气，但在这个案例中，我告诉了这个父亲我对他的看法，我的措辞甚至让他直接找到卫生部部长去投诉，部长通过卫生部的官员与圣玛丽医院（St. Mary's Hospital）取得了联系，圣玛丽医院又与帕丁顿·格林（Paddington Green）医院取得了联系，最终联系到了我。面对关于我的指控，我回答说，我确实说了被指控的那些话，然后把相关文件寄给了卫生部长，并给予他阅读这些文件的充分许可。这件事就此结束，到目前为止，我没有听到更多的消息，这些文件也已经归还给我了。

也许有人会质疑我们所做的这些工作是否值得，但我的回答是，我们无法不这样做。如果一个案例出现在我们面前，我们就必须满足案例需求，提供环境供给中所缺少的东西。我们不能简单地按照我们的评估结果来进行工作。在许多情况下，我们的工作会被我们无法控制的力量打断。我想这是一个有利的迹象，因为直到最近，这个男孩自己还会向我们提供有关他的情况，通过这种方式，他使我们能够继续进行很久以前就开始的个案工作。也许正是我们以这种方式存在了这么长的一段时间，将使情况变得不同，产生使男孩成为罪犯还是成为物理学研究工作者的不同。

我应该说明，在我们处理这个病例的早期，这个男孩曾接受过一些心理治疗。如果条件允许的话，我们会给他提供最深入的心理治疗，但在我们工作的社区里，没有能够安置这类儿童的地方。这个例子说明，在某些时候，我们最需要的是一个我称之为儿童精神病院的机构，一个具有真正良好教育设施的医院，而且离我们的诊所不远。满足这个条件，我们就可以立即为那些不得不安置在儿童收容所中的病患提供精神分析治疗，而儿童收容所并不能提供好的治疗环境。当然，我们只能处理非常小数量的案例，但无论如何，我们可以积累经验。而目前的情况则是，如果有大量的个案工作要做，如果必须给病患提供一个新的环境，那么作为病患的孩子就不得不离开这个能提供心理治疗的地方。

我用下面一个案例来说明这样一个事实：轻度精神病和反社会倾向的早期阶段之间有非常密切的联系。在这个案例中也发生了一些偷窃行为。

第十五章 患精神疾病儿童的个案工作

这个案例涉及一个在公立学校上学的男孩。校长告诉他，他必须在十六岁时离开学校，因为他偷东西的行为很严重。这是一件非常悲哀的事情，因为这个男孩的父亲也曾经就读于这所学校，因此出于这些特殊的原因，学校应该是想为这个男孩提供一些帮助的。他的父亲是另一所学校的舍监。

在与这个男孩会谈的过程中，我发现他能够向我描述出他五六岁时经历的一段非常艰难的时期，在他看来，当时他的父母似乎忽视了他。我和他的父母谈了这个问题，他们说，在这个时期，孩子确实没有得到应有的重视。父母花了一些时间才发现他们一直在忽视孩子，当他们看到这一点时，就开始尽其所能来弥补。就在这时，孩子的妹妹出生了。于是这个小男孩因为妹妹的出生，从最小的孩子变成了中间的孩子。

这个案例中的家庭是一个很好的家庭，但父母痛苦地发现，他们所做的事情为男孩在公立学校的崩溃奠定了基础，这让他们非常难过。他们很愿意把他带回家，让他拥有全部的父母，而另外两个孩子则去各自的学校上学。父母说到做到，让男孩过了一年不用承担任何责任、无忧无虑的生活。这一年的年末，男孩开始想去上学了，但在此之前，他已经有了相当严重的退行，变得像一个小孩子一样极度依赖，但又不像一个婴儿。

男孩最终去了日间学校，又慢慢决定去他父亲担任舍监的学校，尽管这样他要成为一个寄宿生寄宿在别的家庭。他偷东西的事情很快就被遗忘了，事实上，自从我跟他有了一个小时的会谈后，他就再也没有偷过东西。在这一小时里，最关键的是他想起了自己五六岁时由于被忽视而产生的非常严重的抑郁。

男孩的疾病并不是精神病性神经症，治疗的方法也不是心理治疗。我想，这就是一种个案工作，而我与父母打交道的方式就是让他们知道，他们自己有能力为孩子提供帮助。在男孩先是病情加重（但不是他又去偷东西），然后康复的过程中，我与他们保持联系，了解他们不断变化的需求。在这种情况下，个案工作是比较简单的，因为父母和校长都一心想让男孩康复，不存在需要应对和处理的失整合因素，没有破坏性因素的个案工作变成了一个反应性的抱持过程。

在一些儿童精神病的案例中，尤其是严重的案例中，父母的不正常态度实际上是导致疾病的原因，也是维持疾病的因素。于是孩子的疾病和父母的疾病相互影响，巨大的痛苦随之而来。在这种情况下，个案工作的目的是通过寻找替代性住所来使父母和孩子都得到解脱。但是，这是多么困难啊！

个案工作与团队工作

我对精神疾病儿童个案工作的管理有一些观察，就用这些观察来结束本章吧。也就是说，我想聊聊个案工作与儿童指导诊所团队（即精神病学家、心理学家和精神科社会工作者）之间的关系。

有些人觉得，当例行的儿童指导开始发挥作用时，个案工作就完成了。但我认为如果"个案工作"这个词语仅仅用于团队合作所产生的复杂性，那么它就没有很好地体现"个案工作"的意义。我个人的观点是，儿童指导小组和儿童指导诊所的日常工作很适合个案的调查，并且这个调查可以成为向青少年法庭提交的报告内容。然而，提交报告这项工作与个案工作无关，个案工作可能与调查报告一起进行，也可能彼此毫不相干。

儿童指导诊所的工作主要在于重新整合案例的不同方面，这些方面由于团队的工作而彼此分离。也许正是这个原因，我个人从未像儿童指导中那样使用过团队。一个真正好的儿童指导诊所团队里，精神病医生能够在案例会议上重新整合案例的各种因素,观察这个过程对学生来说是非常有用的。尽管如此,也有可能一个案例被儿童指导诊所拆解,分成几个部分,然后再重新拼凑起来,但其中却没有完成任何个案工作。

顺便说一下,我最近几年的工作中,碰巧与一位精神科社会工作者和一位心理学家做同事,这让我受益匪浅。我们一起为很多案例看诊,受益于人多智广(人多力量大)的原则,在一部分案例中,根据精神科社会工作者的专长,他承担了更多工作,我非常高兴地把工作移交给这样一位工作者,无论是临时的还是长期的。这与将案例移交给我的一位精神病学同事是一样的,只是我保留了对案例的医疗责任,并通过社会工作者来了解正在发生的事情。

还有一个观察我认为很有用。心理治疗很难改变心理治疗师,而在个案工作中,是诊所而不是个案工作者个人提供与个案的连续关系。个案工作者不能保证永远待在一个岗位上。如果从个体的心理治疗角度考虑,看上去会有一些损失,因为事实上个案工作者是为机构或诊所工作的;然而另一方面,这个设置后面,被治疗的案例个体的收获也是巨大的,因为诊所的稳定性远远超过任何个体。我已经举过一个案例来说明这一点。当然,我并不是说个人之间的关系可以被淡化或忽略,假装在更换个案工作者时不会出现创伤。我们可以想象一个极端,即个案工作者不再是一个人,而是一个永久性的机构,一台管理的机器。这将使我们直接退回到我们已经走出的黑暗时代。从某种意义上说,个案工作是我们在使用行政管理这类机制时所出现的人性化的、不稳定的因素,它阻止了管理机制对个人产生全部作用,而让管理机制对个人的控制与影响有所消减。如果这样看的话,我们很容易看到个案工作者和管理机制存在互相制约,尽管一个个案同时也需要两者的合作。

总结

我试图把个案工作的想法从复杂的团队合作机制中拯救出来。

在儿童患有精神疾病的绝大多数案例中，个案工作开始并不是主要特征。通常由父母发现孩子的疾病，并为孩子寻求治疗。当一个孩子患有精神疾病时，环境因素必须被考虑，有缺陷的环境必须得到改善，这时，个案工作显然就成了主要特征。我会特别注意一类案例，在这种案例中，个案工作具有特殊意义，因为案例中的某些因素是具有破坏性的。

在最简单的案例中，父母中的一方或双方都患有精神疾病，而个案工作在对父母疾病的反应中，获得了自身动力和自身的整合。这个主题可以延展到涵盖各种各样的案例，但关键问题是，由于案例有失整合的趋势，如果要满足案例的需要，就必须以某种方式发展出一个积极的整合过程。在这里，重要的不是所做的工作，而是组织一种积极的整合倾向，或者抱持[①]可能具有破坏性的案例材料，这些材料是案例在当下的有机组成部分。我认为在这种情况下，我们最好使用"个案工作"这个词。

这不是一个新的想法，但它需要被强调出来。对这些不同的任务进行分类有助于我们更清楚地看到个案工作和对有心理疾病的儿童进行心理治疗之间的区别。

（1959）

[①] 关于个案工作中的"抱持"概念，参见克莱尔·温尼科特所著《儿童照料与社会工作》一书，该书由科迪科特出版社于1964年出版。

四

学校与社会帮助

第十六章　被剥夺儿童如何补偿失去的家庭生活

介绍被剥夺家庭生活的儿童这一主题，让我们记住这一点：一个社区的主要关注点应该是其健康的成员。通常需要优先考虑的是平时运作良好的家庭，原因很简单，在自己家中养育的孩子才会有回报；回报的价值就是对这些孩子的照料带来的红利。

如果这个观点被接受，接下来有两件事需要明确。首先需要引起注意的是，必须为普通家庭提供基本的住房、衣食住行、教育和娱乐设施，以及文化产品等精神食粮；其次，我们必须看到，不去干涉一个持续经营的家庭，让它自行运转，就是维护了它自己的利益。为了预防疾病和促进健康，医生总是怀着最好的意图，特别容易妨碍母亲和婴儿或父母和孩子之间的关系；在这方面，医生绝不是唯一的罪魁祸首。例如：

> 一位离异后组织了新家庭的母亲向我征求意见。她有一个六岁的女儿，是和上一任丈夫生育的，现在在她的新家庭里生活。女孩的父亲，即这位母亲的上一任丈夫，和一个宗教组织有联系，这个宗教组织希望把女孩从母亲身边带走送进寄宿学校，无论是假期还是学期中都不能离校。因为该组织不赞成离婚。他们还有一个原则：孩子不能与离婚的母亲住在一起。
>
> 女孩与母亲和她的新丈夫已经相当安定和安全的事实被完全

忽略，并且这个宗教组织为了他们的原则，准备为这个孩子创造一种剥夺状态：和母亲分离。

事实上，许多被剥夺了自身权利的儿童都是以这样或那样的方式被影响的，补救办法在于通过制度避免管理不善。

然而，我必须面对这样一个事实，即我自己和许多其他人一样，是一个蓄意破坏家庭完整的人。我们一直在把孩子们送走，离开他们的家。仅在我的诊所，我们每周都有需要让孩子离开家的紧急病例。这样的孩子年龄很少在四岁以下。在这一领域工作的每个人都知道，由于某种原因，会出现这样一种情况：除非孩子在几天或几周内被搬走，否则家庭就会破裂，或者孩子肯定会被送上法庭。通常，人们可以预测孩子在离家后会做得更好，或者家庭会在孩子离开后做得更好。如果能立即实现这些分离，许多令人痛苦的情况会自行修复。如果我们为避免破坏一个家庭的完整，而以任何方式削弱当局为对孩子负责而提供短期和长期住宿的努力，那将是非常遗憾的。

当我说我的诊所每周都有这些病例时，我的意思是，在绝大多数病例中我们都设法在已经存在的环境中帮助孩子。这当然是我们的目标，不仅因为它经济实惠，更因为只要家庭条件合适，家庭才是孩子成长的最佳选择。需要心理帮助的绝大多数儿童都患有内在因素方面的障碍，个人情感发展方面的障碍，这些障碍主要是由于生活中的各种困难造成的。这些障碍也可以让孩子在家治疗。

被剥夺程度的评估

为了说明我们如何才能最好地帮助被剥夺儿童，必须确定从一开

第十六章 被剥夺儿童如何补偿失去的家庭生活

始就有足够好的环境可以让正常的情绪发展成为可能，这个环境包括（ i ）婴儿—母亲关系，（ ii ）三角关系：父亲—母亲—儿童。根据这一点，我们才能尝试评估剥夺在初始阶段以及后续的成长中所造成的损害，因此，病患的病史很重要。

家庭破裂案例可以分为以下六个类别：
1.正常的好家庭，因父母一方或双方发生意外而破裂。
2.因父母离异造成的家庭破裂，但父母两人都是好家长。
3.因父母离异造成的家庭破裂，父母两人都不是好家长。
4.家庭不完整，没有父亲（私生子）。母亲是善良的；外祖父母可能会接管父母的角色，或在某种程度上提供帮助。
5.家庭不完整，没有父亲（私生子）。母亲也不是好家长。
6.从来没有过家庭。

此外，还存在另一维度的交叉分类：
1.根据孩子的年龄，以及一个足够好的环境终止的年龄；
2.根据孩子的天性和智力；
3.根据孩子的精神诊断。

我们要避免根据儿童的症状、儿童被人讨厌的程度或儿童的困境在我们心中激起的情感来评估问题。这些考虑会使我们误入歧途。通常情况下，案例病史的基本部分是缺乏或不足的。那么，实践中的普遍处理就是，提供一个良好的环境，看孩子如何利用它。

这里需要对"孩子对良好环境的利用"的含义进行特别说明。一个被剥夺了自身权利的孩子生病了，环境调整将使孩子从生病转变为健康，这从来都不是一件简单的事。理想的状态是，孩子能够从简单的环境转变中受益，开始变得越来越好。然而，随着病情从严重到轻微，孩子也会越来越对过去的剥夺感到愤怒——因为他开始具有表达愤怒的能力。对世界的仇恨客观存在，除非人们感受到了仇恨，否则健康就不会到来。然而，只有当孩子意识层面的自我相对可用时，才会产生这种理想的结果，但这种情况很少发生。在某种程度上，或在很大程度上，属于环境的失败感受是无法到达意识层面的。如果被剥夺的孩子拥有令人满意的早期体验，而剥夺发生在早期体验之后，那么类似的事情才会发生，并且可以呈现出与剥夺相适应的仇恨。以下示例说明了这种情况。

  这是一个七岁的女孩。她三岁时父亲去世了，但她很好地克服了这个困难。母亲对她照顾得很好，后来又结婚了。这次再婚很成功，孩子的继父很喜欢她。直到母亲怀孕，一切都很好。但当新的孩子出现后，父亲对继女的态度完全改变了，他开始专注于自己的孩子，并从继女那里收回了感情。婴儿出生后，情况变得更糟，母亲的关注也被婴儿分走了大部分。女孩无法在这种氛围中茁壮成长，但如果搬到寄宿学校，她很可能会做得很好，甚至能够理解自己家中发生的困难。

另一个案例则显示了不够好的早期经验的影响。

  一位母亲带着她两岁半的儿子。小男孩有一个很好的家庭，但只有在父母的亲自照顾下，他才感到幸福。他不能离开母亲，不能独自玩耍，陌生人的到来让他感到害怕。父母都是正常的家长，那么男孩出现这些状况的原因是什么呢？事实是，这个男孩在五周大时被收养，那时候他已经病了。有证据表明，他出生的那所房子的女主人特别宠爱他，她试图把他藏起来，不让收养婴儿的父母知道。五周大时的转移给婴儿的情感发展带来了严重的困扰，养父母只能逐渐克服这些困难——收养一个这么小的婴儿时，他们没有预料到这一点。（事实上，他们曾经很想收养一个更早期的孩子，出生后第一周或第二周的婴儿，因为他们猜想到可能会出现一些麻烦。）

我们必须知道当一个好的环境被打破，以及当一个好的环境从未存在时，在孩子身上会发生什么，这涉及整个对个人情感发展主题的研究。其中一些症状是众所周知的：仇恨被压抑，或者爱别人的能力丧失。一些防御机制在孩子的性格中建立起来，出现一些退行至早期阶段的行为，其原因可能是情感发展的某些早期阶段比其他阶段更令人满意，也可能是病理性的内向状态。人格分裂比人们普遍认为的要广泛得多。这种分裂的最简单形式，就是孩子呈现出一个被展示的状态，犹如一个橱窗。这是在顺从的基础上建立起来的，而包含所有自发性的真实自我被隐藏起来，淹没在与理想化的幻想客体的隐秘关系里。

虽然很难对这些现象进行简单、清晰的陈述，但如果我们要弄清楚哪些是被剥夺儿童的好转征兆，我们就必须了解这些现象。例如，如果我们不了解被剥夺儿童重病时的情况，我们就看不到他的抑郁情绪可能是一个好转的迹象，尤其是在没有伴随强烈的被迫害焦虑时。无论如何，一种简单的抑郁情绪表明，孩子保持了人格的统一性，有一种忧患的意识，并且确实在对所有出错的事情负责。此外，尿床和偷窃等反社会行为表明至少还有希望——希望重新找到一个足够好的母亲、一个足够好的家、一个足够好的父母关系。甚至愤怒也是一种有利迹象，它可能表明，就目前而言孩子是一个整体，能够感受到我们称之为的共享现实与想象世界之间的冲突。

让我们考虑一下反社会行为的含义，例如偷窃。当一个孩子偷窃时，孩子的整个意识（包括潜意识）所寻求的，不是被偷的那个物体；所寻找的是一个人，即母亲。孩子有权从她那里偷东西，因为她是母亲。事实上，每个婴儿一开始都可以名正言顺地从母亲那里偷窃，因为婴儿发明了母亲，是婴儿创造了她，把母亲想象出来了。这是出于与生俱来的爱的能力。母亲在那儿，一点一点地把自己这个人给了她的婴儿，作为婴儿创造的材料，最终婴儿主观意识所创造的母亲和我们普遍意义上的母亲很相像。同样地，尿床的孩子则是在寻找婴儿早期阶段可以被自己弄湿的母亲的膝盖。

反社会症状是对环境恢复的摸索，表明孩子在寻求回到原来环境里去的方法，也预示着希望。这些探索失败的原因不是因为方向错了，而是因为孩子没有意识到自己在做什么，没有明白正在发生的事情。因此，反社会儿童需要一个具有治疗效果的专门环境，这个环境可以对症状中表达的希望做出现实反应。然而，它需要坚持很长一段时间，才能成为有效的治疗方法。因为正如我所说，需要穿透儿童的意识层面，他才能获得感受和记忆。而且孩子必须对新环境有足够的信任，对它的稳定性和客观性有很大的信心，才会放弃自己的防御。在此之前，儿童需要以防御来应对无法忍受的焦虑，而这种焦虑总是容易被新的剥夺重新激活。

因此，我们知道，被剥夺权利的儿童是一个病人，一个有过创伤经历的人，一个以个人方式应对焦虑的人；这个人的恢复能力，取决于他的基本的爱的能力的保留程度，以及适当的仇恨意识。我们可以采取哪些实际措施来帮助这样的儿童呢？

第十六章　被剥夺儿童如何补偿失去的家庭生活

为被剥夺的儿童提供帮助

显然，必须有人来关心这些孩子。社区不再否认对被剥夺儿童的责任，事实上，今天的舆论正朝着另一个方向发展，舆论要求社区为那些家庭生活欠缺的孩子尽最大努力，为他们做到最好。我们目前的许多困难，都源自这个原则在操作时难以实现。

我们不能指望仅仅通过法律或设立行政机制来为孩子做正确的事。法律和行政机制是必要的，但只是悲惨的初级阶段。在任何情况下，对儿童的适当管理都必须涉及人，而这些人必须是正确的人；而且随时可用。符合这些条件的人员数量明显是有限的。如果行政机制可以与一批中间人合作，这个数字就会大大增加。这些中间人都有专业背景，他们一方面可以与最高权力机构打交道，另一方面可以与一线从事实践工作的人保持联系，欣赏他们的优点，在成功时表扬成功，在失败时分担失败，讨论失败的原因，使教育工作变得有趣，并在必要时通过将孩子从寄养家庭或收容所带走而提供帮助。

照顾孩子在很大程度上是一个需要全身心投入的过程，因此从事这项工作的人没有多余的情感来应对行政程序或某些特殊的法律案件所代表的广泛的社会问题。相反，能够密切关注行政或法律案件的人不太可能在照顾孩子方面表现出色。

现在说说更具体的问题。我们必须记住为每个孩子提供的精神诊断报告。正如我所指出的，这种诊断只能在仔细采集病史或经过一段长时间的观察后才能做出。关键是考察婴儿期。一个被剥夺家庭生活的孩子在婴儿期可能有一个良好的开端，甚至可能有一个正常的家庭生活。在这种情况下，孩子的心理健康的基础已经奠定好了，后续的症状是"被剥夺"之外的疾病在影响健康。另一种情况是，另一个孩子，外表看起来并不差，但他的婴儿早期没有健康的经验，在新环境中孩子被激活，重新体验健康的状态；而他的婴儿早期的管理如此糟糕或复杂，以至于人格结构和现实感方面的心理基础可能存在明显缺陷。在这种缺乏婴儿早期健康经验的极端情况下，必须一开始就创造出良好的环境，否则可能根本就没有改善的机会，因为孩子从根本上不健全，如果再加上遗传性的精神错乱或不稳定的倾向，在这种极端情况下，孩子可能就是一个疯子，尽管这个词不应该用于儿童。

认识到问题的这个部分很重要，否则那些评估结果的人会惊讶地发现，即使最好的管理下也总有失败，总有孩子长大后变得精神错乱或是反社会。

根据早期环境中是否存在积极特征以及儿童与早期环境的关系，我们对儿童进行诊断后，接下来要考虑的是治疗方案。在这里我想强调的是（作为一名儿童精神分析学家）：对被剥夺的儿童进行管理的明确原则不是提供心理治疗。人们总是希望，心理治疗可以在某些情况下添加到其他任何治疗中，但以目前而论，个人心理治疗并不适用于所有情况。帮助被剥夺儿童的基本方案是提供成长环境——家庭——的替代品。可以这样对我们提供的收养机构进行分类：

（1）寄养父母。他们希望给孩子正常的家庭生活，就像本来可以由亲生父母提供的那样。人们普遍承认这种情况是最理想的，但必须补充的一点是，由养父母收养的孩子必须是那些能够对好的事情做出反应的孩子。实际上这就意味着，这些孩子需要在过去的某个地方有过足够好的家庭生活，并且能够对此做出反应。在寄养家庭里，他们有机会重新发现他们曾经拥有和失去的东西。

（2）由已婚监护人照料的小型家庭。每个家庭都包含不同年龄组的儿童，这样的小家庭可以方便地组合在一起，从管理的角度和从孩子的角度来看都有优势，孩子们可以说是亲兄弟姐妹，或者表兄弟姐妹。这里再次强调，我们总试图做到最好，因此，不能从如此好的事物中受益的孩子必须被排除。一个不合适的孩子会破坏整个团队的良性工作。必须记住，在感情投入上，好的工作比不那么好的工作要求更高，因此更难做到，而且如果出现失败，负责的人很容易就会放弃最优路径，而滑向更容易但更没有价值的工作模式。

（3）小型收容所。小型收容所比小型家庭的规模大一些，这里可能有十八个人。管理者可以与每个孩子都保持个人联系，他们有助手，而对助手的管理是管理者工作的一个重要部分。在收容所里，人们的热情会被分散，忠诚度会出现差异，孩子们有机会让大人们互相对立，激发潜在的嫉妒心。这里，我们已经在朝着不那么好的管理方向发展了。但另一方面，这里也能处理不那么令人满意的被剥夺的孩子的管理需要。收容所的工作方式不那么个人化，更加独裁，对每个孩子的要求也更少。在这样的环境中，孩子不太需要以前的良好经验。比起小家庭，收容所不要求孩子在认同大环境时有保留个人冲动性和自发性的能力。在这样人比较多的生活环境里，融入群体中间就可以了，也就是说，孩子与团体中其他孩子的身份融合在一起。这既包括个人身份的丧失，也包括对整个家庭环境的认同感的丧失。

（4）比小型收容所更大一些的常规收容所。这类收容所里的管理者主要从事工作人员的管理，只是间接关注儿童的具体管理。这样做的好处是可以容纳更多的儿童。有更多的工作人员，也意味着工作人员之间有更多的讨论机会；对孩子们来说也有好处，因为可以有团队相互竞争。我认为，这类收容所在管理上更进了一步，可以接纳更多的孩子，也就是那些缺乏好的早期经验的孩子。不近人情的管理者可以作为权威的代表出现在背景中，而这些孩子需要这样的权威，因为在他们的内心深处，他们无法同时拥有自发性和控制力。（要么他们必须认同权威，从而变得顺从，要么他们必须是冲动的，完全依靠外部权威来控制。）

（5）除了小型收容所和常规收容所之外，还有一类更大的收容所，或者可以称之为大型收容所，为不可能获得更好条件的儿童尽心尽力。在一段时间内，这种机构是必须存在的。它们必须用独裁的方法来管理，而对儿童个人有益的东西必须服从于社会能够立即提供的限制。对于潜在的独裁者来说，这是一种很好的升华形式。人们甚至可以从这种不理想的状态中找到某些好处，因为，由于管理的主导方式是独裁，对相当难缠的孩子以这种方式进行管理，可以使他们不会长期陷入社会的麻烦之中。真正有病的孩子在这里可以比在更健康的家庭中更快乐，因为有清晰的行为准则和边界，他们可以放心玩耍和学习，不知情的观察者看到这些，必然留下深刻印象。在这样的机构中很难看到已经成熟的儿童，他们会被转移到一个更个人化的管理机构中，在那里他们日益增长对社会认同的能力，同时又不失去自己的个性，可以让二者在平衡的基础上得到满足。

治疗和管理

我现在想对比一下收养机构的两个极端：一个是寄养家庭，另一个是大型收容所。如我所说，前者的目的是真正的治疗。希望孩子能在一段时间内从被剥夺的状态中恢复过来，如果没有这样的调整，被剥夺不仅会在孩子的心理上留下疤痕，而且会造成实际上的残疾。要

第十六章 被剥夺儿童如何补偿失去的家庭生活

做到真正的治疗，需要的不仅仅是孩子对新环境的反应。

起初，孩子很容易做出快速反应，表现出明显的改变，有关人员也很容易认为他们的麻烦已经结束。然而，在孩子获得自信的同时，伴随而来的，是孩子对之前失败环境的愤怒能力也越来越强。当然，事情的发展不可能完全像这样清晰，特别是孩子没有意识到正在发生的颠覆性变化。养父母会发现，他们自己也会定期成为孩子仇恨的目标。养父母将不得不开始应对这些愤怒，但这愤怒其实属于孩子之前的原生家庭的失败。养父母了解这一点非常重要，否则他们会心灰意冷；儿童看护人员也必须知道这一点，否则他们会责怪养父母，相信孩子们关于虐待和饥饿的故事。如果寄养父母接到一个似乎来寻找麻烦的官员的来访，他们会因为过度焦虑而试图引诱孩子变得友好和快乐，从而剥夺了孩子康复过程中一个最重要的部分。

有时，处于愤怒或仇恨中的孩子会非常聪明地引发特定的虐待，使自己被虐待成为现实，以此来满足内心仇恨所需要的条件；然而，残忍的养父母实际上是被爱的，因为孩子通过把内心的仇恨转化为外部的愤怒和惩罚而感到解脱。不幸的是，在这一点上，养父母很容易在他们的社会团体中被误解。

有些养父母会想办法来应对孩子的愤怒。例如，他们按救援原则进行工作，对孩子说，他的父母是不可救药的坏蛋。他们一次又一次地大声对孩子这么说，从而将孩子的仇恨从自己身上移开。这种方法可能在当时相当有效，但它忽略了现实情况，让孩子产生了对亲生父母的刻板印象，而且在任何情况下，这种处理办法都会扰乱被剥夺儿童的某些特质，即他们倾向于将自己的家理想化。毫无疑问，只有当养父母能够承受周期性的负面情绪波动并挺过来，每次都能与孩子建立一种新的、更安全的（因为不那么理想化而更容易保持）关系时，这样的处理方式才更健康。

相比之下，对大型收养机构中的儿童进行管理的目的不是为了治好他们的病。大型收养机构的目的是：第一，为被忽视的儿童提供住房、食物和衣服；第二，设计一种管理方式，使儿童生活在一种有秩序而不是混乱的状态中；第三，使尽可能多的儿童不与社会发生冲突，直到他们十六岁左右走向真实的世界。把各种因素混为一谈，假装在这种极端环境下试图创造正常人，是没有好处的。在这种情况下，严格的管理是必不可少的，如果能在此基础上增加一些人性，那就更好了。

必须记住，即使在非常严格的社区里，只要有一致性和公平性，孩子们就能发现他们之间的人性，他们甚至会尊重严格性，因为它意味着稳定。理解这种制度的人们可以找到一些合适的时刻，引入更多人性化的方法。例如，选择合适的孩子与外界可靠的叔叔阿姨进行定期接触。可以找到一些人，请他们在孩子生日时给孩子写信，每年安排三四次机会请孩子回家喝茶，等等。这些只是例子，但它们显示了可以做到的事情，而且是在不破坏孩子已有的生活规则的情况下做到的。必须记住，如果严格的环境是基础，那么一旦这种严格的环境有例外和漏洞，就会对孩子们造成干扰。如果必须有一个严格的环境，那么就让它变得一致、可靠和公平，这样它才会有积极的价值。不过，总会有一些滥用特权的孩子，我们要做到的是：谁滥用特权，谁就得受罚。

在这种大型机构中，为了和平和安宁，管理的重点要放在保证群体利益上。在这个框架内，孩子们必须或多或少地失去自己的个性。（我并没有忽视这样一个事实，即一些中型机构里有足够健康儿童逐步成长的空间，使他们越来越能够认同社会，也不至于丧失自己的

第十六章 被剥夺儿童如何补偿失去的家庭生活

特质。）

仍然会有一些孩子，他们是我想称之为疯狂的人（尽管不应该用这样的词），即使是独裁式的管理在他们面前也是失败的。对于这样的儿童，必须有相当于为成年人服务的精神病院的机构来收留他们。我们还不确定社会能为这些处于极端情况的孩子做哪些事。这样的孩子病得很重，以至于那些照顾他们的人都很容易认识到，当孩子开始变得反社会时，就意味着他开始好转了。

在本章的最后，我将提及两个问题，它们在考虑被剥夺权利的儿童的需求时非常重要。

儿童早期历史的重要性

第一个问题，主要关系到儿童的照料者，比如保育员或者儿童看护人员，特别关系到其登门走访采集信息和对新信息保持敏感的能力。如果我是一名儿童看护人员，一旦有孩子进入我的看护范围，我会立即将能搜寻到的、关于这个孩子到目前为止的每一个信息都收集起来。这是很紧迫的事情，因为随着时间的流逝，如果这些信息没有被记录、留存，那么任何人都不容易得到基本的事实。在第二次世界大战中，当疏散计划失败时，有些儿童的家庭信息就永远无法找到了，这是多么令人痛心的事情啊！

我们知道，正常的孩子经常会在睡觉前问："我今天做了什么？"母亲回答说："你六点半就醒了，和你的泰迪玩，自己唱着歌直到我们醒来，然后你起身到花园里，然后吃早餐，然后……"一路说下去，直到这一天的信息都从外面整合起来。孩子知道所有的事情，但还是喜欢被帮助去意识到这一切。这感觉很好，很真实，有助于孩子区分现实、梦境和想象力的游戏。同样的事情也体现在普通父母对孩子过去生活的回顾上，包括孩子刚刚记住的东西和孩子不知道的东西。

缺乏这类简单重复的经历、体验，对被剥夺儿童来说是一种严重的损失。不管怎么说，都应该有一个人把所有可以找到的信息收集起来。在理想状态下，儿童看护人员最好能够与孩子的亲生母亲进行长时间的访谈，让孩子母亲从出生那一刻起逐渐展开整个历史，甚至可以提供她怀孕期间的经历和受孕前的重要细节，这些细节中某些因素可能决定（或不决定）她对孩子的态度。工作人员往往要到各处去收集信息，甚至孩子之前所在的机构中某个朋友的名字都可能是有价值的。

当社会工作者获得孩子的信任后，接下来的任务是安排与孩子联系。可以想办法让孩子知道，在这里或在儿童官员办公室的档案中，有孩子迄今为止的生活传奇。孩子可能暂时不想知道任何事情，但以后可能会需要用到这些细节。特别是非婚生子女和家庭破裂的孩子，他们最终需要了解事实——也就是说，如果要恢复健康的话。我认为寄养儿童的目的就是要培养一个健康的孩子。

而在另一端，在一个大型收容所里用独裁的方法管理的孩子，不太可能成长至这样的健康程度：健康到可以去接触关于过去的真相，并承受它们。

因为事实如此，也因为工作人员的严重短缺，我们应该从比较正常的一端开始。即便是在相对正常的条件下，儿童看护人员很可能还是会觉得，尽管他们很想做这样的事情，但由于他们的案例数量过于巨大，这是不可能的。我的观点是，收养机构和工作人员必须做出抉择，他们不能接受超出他们能力范围的案例。在照顾儿童方面，没有一半的效果和一半的业务，只有有和无。重点是处理好能力范围内的几个孩子，把其他孩子交给大机构，用独裁的方法，直到社会能够提供更好的管理方案。好的工作必须是个体化的，否则对儿童和儿童保育员来说都是残酷的、让人动心但难以实现的。只有保证工作性质的个体化，并且从事这项工作的人没有过重的负担时，这项工作才能实现它应有的价值。

必须记住，如果儿童保育员的工作量过大，他们必然会失败，然后根据统计数据，证明整个事情是错误的，这种方式不可取，于是独裁的方法会取而代之，因为它在为工厂提供工人、为家庭提供佣人方面更加有效。

过渡现象

我想说的另一点是，可以先看一下正常的儿童，以他们为参照。为什么普通儿童被剥夺了家庭和他们所熟悉的一切而不生病呢？每天，孩子们进了医院又出来，不仅身体得到了修复，而且没有受到严重的情绪困扰，甚至因为新的经历而变得更加充实。孩子们一次又一次地离开，去和陌生的叔叔阿姨住在一起，在任何需要的情况下，他们和父母一起离开熟悉的环境，走到陌生的环境中。

这是一个非常复杂的问题，我们可以用以下方式来探索。让我们想一想自己熟悉的任何一个孩子，问一问自己，这个孩子会带着什么东西上床，以帮助他从清醒的生活过渡到梦中的生活：一个娃娃，也许是几个娃娃；一只泰迪；一本书；母亲的一件旧衣服；小枕头；旧毯子；或者可能是一块手帕——在婴儿成长的某个阶段，它被用来代替餐巾。

在某些情况下，也可能没有这样的客体，孩子只是吸吮自己的拳头、拇指或其他手指；或者玩弄自己的生殖器（让人很容易想到"自慰"这个词）；或者俯卧着做有节律的运动，通过他头上的汗来显示这种体验的狂欢性质。在另外一些情况下，婴儿从几个月大开始就要求身边有人，这个人很可能是母亲。通常可以观察到的可能性有很多。

在孩子所拥有的各种玩偶和玩具中，可能会存在一个特别的物体，它可能是柔软的，大约在婴儿十个月、十一个月或十二个月时被介绍给婴儿，婴儿以最粗暴和最心爱的方式对待它，没有它，婴儿就无法上床安睡；孩子在哪里，这个东西肯定在哪里；如果它丢失了，对孩子来说将是一场灾难，对照顾孩子的人也是如此。这样的东西不太可能被送给另一个孩子，而且无论如何没有其他孩子会想要它；最终它变得又臭又脏，但人们却不敢洗它。

我把这个东西称为过渡性客体。通过它，我可以说明，每个孩子都将经历的一个共同困难，就是将主观现实与可以客观感知的共享现实联系起来。从醒来到睡觉，孩子从一个感知的世界跳到一个自我创造的世界。在这之间，需要一个中间地带——过渡性空间。我想我们能达成一种默契来描述这个珍贵的物体，即没有人会声称这个真实的东西是世界的一部分，或者它是由婴儿创造的。大家都明白，这两种描述都是对的：世界提供了它，婴儿创造了它。这是普通母亲让她的婴儿在最初发展阶段取得的进步：母亲通过最微妙的主动适应的方式为婴儿提供了她自己——也许是在她为婴儿成百上千次地提供乳房之后，婴儿终于创造出了类似乳房的东西，即过渡性客体。

大多数适应不良的儿童要么没有这种客体，要么失去了这种客体。这个客体一定代表着某个人。这就意味着，对这些孩子，我们不能仅仅通过给他们一个新的物品就希望治愈他们。孩子必须对照顾自己的人产生很大的信心，才会出现深刻象征着这个人的物品。这将被认为是一个好的迹象，就像能够记住一个梦，或梦到一个真实的事件。

所有这些过渡性客体和过渡性现象使儿童能够经受住挫折和匮乏以及应对新情况的出现。我们在管理被剥夺权利的儿童时，能否确保尊重了这种确实存在的过渡性现象？我认为，如果我们以这种方式来看待玩具的使用、自慰活动、睡前故事和童谣，就能明白，通过这些东西，儿童有能力在某种程度上接受被剥夺的现实，哪怕被剥夺的东西是他们习惯的、需要的。一个孩子从一个家庭被转移到另一个家庭，或是从一个机构被转移到另一个机构，孩子可能应付得来这种情况，也可能应付不来，其中的差异可能取决于是否有一块布或一个柔软的东西可以让孩子随身携带着，从一个地方到另一个地方；或者是否有熟悉的儿歌可以在睡前轻唱，把过去和现在联系起来；或者是否可以尊重和容忍孩子对自己身体的使用，包括自慰。

对于环境受到干扰的儿童来说，上述种种现象具有特殊的重要性，对它们的研究应该让我们更有能力给这些被造化戏弄的人以帮助，因为他们还不能接受这个事实：世界从来不是我们希望的那样。这个事实对于正常人也一样难以接受。对我们任何一个人来说，最好的情况就是，外部现实和我们创造的东西有足够多的重叠。我们接受这两者之间的完全相同的想法是一种幻觉。

那些生活环境稳定的幸运儿可能很难理解这些事情；然而，那些必须从一个地方转移到另一个地方的婴儿或小孩子，正在面对这个问题。如果我们剥夺了孩子的过渡性客体，扰乱了既定的过渡性现象，孩子就只有一条出路：人格分裂，一半停驻在主观世界，另一半在顺从的基础上对外界刺激作出反应。当这种分裂形成后，主观和客观之间的桥梁被破坏，或不能被很好地形成，儿童就无法作为一个完整的人进行整体运作①。

　　这种状况很容易在那些因为被剥夺了家庭生活而被我们照顾的孩子身上发现。在预备送去寄养父母家或小型收容所的孩子身上，每个案例中都能发现某种程度的这种分裂现象。主观世界对这些孩子来说有一个不良影响，虽然主观世界可能是理想的，但也可能是残酷和有害的。起初，孩子会把发现的任何东西都翻译成这些词语：要么寄养家庭是美好的，真正的家庭是糟糕的，要么反过来。然而，最后如果一切顺利，孩子将能够察觉自己对好的家庭和坏的家庭所产生的幻想，并能梦到和谈论它们，画出它们，同时感知到养父母提供的真正的家，感受它客观真实的状态。

　　实际的寄养家庭有一个好处，就是不会从好到坏和从坏到好地剧烈摆动。它或多或少地保持着令人失望和令人放心的中间状态。那些正在管理被剥夺权利的儿童的人可以通过观察每个孩子在某种程度上创造过渡性客体的能力来识别孩子处于哪个阶段，这些过渡性客体可能表现为自慰、玩娃娃或享受童谣等。因此，研究正常儿童的喜好，可以帮助我们了解被剥夺的儿童需要的是什么。

[1950]

---

① 关于这一主题的更全面的论述，见《温尼科特论文集》第十八章"过渡性客体和过渡性现象"，伦敦塔维斯托克出版社1958年出版。

第十七章　学龄阶段的团体影响和环境适应不良的儿童

这一章是研究团体心理学的某些方面，这可能有助于我们更好地理解适应不良的儿童的团体管理。让我们先想一想正常的孩子：他生活在一个正常的家庭里，有目标，去学校实际上是想去学习，他看到自己的环境，帮助维持、发展或改变它。与此相反，不适应的孩子需要一个以管理而非以教学为重点的环境，对他们来说，教学是次要的，甚至可能是一件特殊的事情，他们需要的是矫正性的教导，而不是学科学习。换句话说，对于适应不良的儿童来说，"学校"需要具有"收容所"的意义。由于这些原因，那些从事反社会儿童管理的人不应该是以教学为主同时兼顾一些性格熏陶的学校教师，而应该是以管教为主同时懂一点教育的团体心理治疗师。因此，团体带领的知识对他们的工作非常重要。

团体和团体心理学构成了一个庞大的主题，我在其中选择了一个主要的论点在这里进行介绍，即团体心理学的基础是个人的心理学，特别是个人的整合。因此，我首先简要陈述一下个人整合的任务。

个体情绪的发展

心理学从无望的泥潭中脱身而出，有了现在被广泛接受的观点，即每个个体都有一个连续的情感发展过程，从出生前开始，持续整个生命，直到（幸运的话）老年死亡。这一理论是所有不同心理学流派的基础，并提供了一个有价值的共同认可的原则。我们可能在这里和那里有激烈的分歧，但这个简单的情感成长的连续性的理论把我们所有的人联系在一起。从这个基础上，我们可以研究这个过程的方式，以及存在危险的各个阶段——危险要么来自内部（本能），要么来自外部（环境失败）。

我们都普遍接受这样一个说法：对个人成长过程的研究追溯至越早期，就越能发现环境因素的重要性。因为我们都接受这样一个原则：儿童发展是从依赖走向独立的过程。在健康的情况下，我们期望个体能够逐渐认同越来越广泛的团体，并且是在不丧失自我意识和个体自发性的情况下认同团体。如果这个团体过于松散宽泛，个体就会失去和团体成员间的联系；如果这个团体过于紧密，个体就很容易失去公民意识。

在我们为青少年提供俱乐部和其他组织时，会反复提及"团体"这个词及其逐步的扩展。判断成功的标准，是每个男孩或女孩都能连续认同每个团体，而不至于丧失太多个性。对于青春期前的孩子，我们提供童子军和向导；对于潜伏期的儿童，我们提供小动物和精灵。在第一个学龄期，学校是家庭的延伸和扩大。如果是为幼儿服务的学校，我们要看到它与家庭的紧密结合，而且它并不需要过于重视学科教学，因为幼儿需要的是有组织的游戏机会，在有控制的环境里开启社会生活的开端。我们要认识到，对幼儿来说，真正的团体是孩子自己的家，而对婴儿来说，如果必须打破家庭管理的连续性，那就是一场灾难。因为在个体发展的早期阶段，婴儿非常依赖母亲的管理，依赖母亲的持续存在和她的生存。母亲要对婴儿的需求做出足够好的适应，否则婴儿就会不可避免地发展出扭曲这一过程的防御措施。例如，如果环境不可靠，婴儿就必须接管环境的功能，让真性自体隐藏起来，产生一个我们所能看到的假性自体，这个假性自体将每时每刻行使隐藏真性自体、顺应外部世界的双重功能。

更早的时候，婴儿被母亲抱着，通过活生生的、人类的拥抱，婴儿理解了以身体形式表达的爱。这里有绝对的依赖性，在这个非常早期的阶段，环境失败对婴儿产生的伤害是无法弥补的，除非让发育停滞，或者婴儿出现精神病。

现在让我们来看看，当环境足够好时会发生什么。所有事情都能满足当时个体的具体需要。精神分析主要关注本能需要（自我和本我）的满足，在我们的讨论里，我们更关注的是整体的环境供应；也就是说，我们在这里更关注的是母亲对婴儿的抱持，而不是母亲对婴儿的喂养。当抱持和环境都足够好时，在个人情感成长的过程中，我们会发现什么？

在此，我关注的是我们称之为整合的那个部分。在整合之前，个体的内在是没有稳定结构的，是无序的，仅仅是由抱持性的环境组合起来的感觉—运动现象的集合。在整合之后，个体是清晰存在的，也就是说，人类的婴儿已经取得了单独的地位，虽然还不会说话，但已经有了自我意识，到达了"我是"（I AM）的状态。个体现在有一个限制性的边界，不是个体（他或她）的东西被否定了，是属于外部的。个体现在有一个内部，在这里可以收集有关经验的各种记忆，并可以建立起属于人类本性的无限复杂的结构。

这种发展是在一瞬间完成还是在很长一段时间内逐步发生并不重要；事实上这是一个有前有后的过程，这个过程本身就值得被铭记。

毫无疑问，本能的经验对整合过程有丰富的贡献，但也需要一直存在足够好的环境，有人抱着婴儿，并能很好地适应婴儿不断变化的需求。在这个阶段，需要通过一种恰当的爱，这个人才能发挥作用，这种爱带有对婴儿的认同，以及对适应需求的心甘情愿。我们说，母亲对她的婴儿有全心全意的关注，这种关注是暂时的，但却是真实的。她喜欢以这种方式关注自己的婴儿，直到婴儿对她的需要逐渐减弱。

我认为，这个"我是"的时刻是一个原始的时刻；新的个体感到无限的暴露。只有当有人用手臂抱住婴儿，婴儿才能忍受"我是"的时刻，或者说，婴儿才敢冒暴露的风险。

我想补充的是，此刻，当心理和身体在空间中拥有相同的位置时，事情就变得很简单。这里，个体边界不仅隐喻着对心理的限制，而且它也是身体真实的皮肤。而"暴露"就意味着"裸露"。

在整合之前，有一种状态，即个体只作为观察者而存在。对婴儿来说，外部世界没有被区分出来，也没有个人世界或内在现实。整合之后，婴儿开始拥有自体。之前，母亲能做的是准备好被抛弃，而之后，她能做的是提供支持、温暖、爱的关怀和衣服（很快她就开始迎合本能）。

在整合之前的某个时期，母亲和婴儿之间有一个既是母亲又是婴儿的区域。如果一切顺利的话，这个区域会逐渐分裂成两个部分，即婴儿最终否定的部分和婴儿最终认同的部分。但我们必须接受这个中间区域的遗迹会持续存在很长时间。在婴儿的第一件亲近的物品中，我们会看到这一点——也许是来自毯子、床罩或衬衫的一角；或者是餐巾、母亲的手帕等。这就是我前面说的"过渡性客体"，它的意义在于它（同时）既是婴儿的创造物，也是外部现实的一部分。由于这个原因，父母对这一物品的尊重甚至要超过他们对即将出现的泰迪熊、洋娃娃和玩具的尊重。失去过渡性客体的婴儿同时也失去了嘴和乳房，失去了手和母亲的皮肤，失去了创造力和客观感知力。过渡性客体是使个人心理和外部现实之间的联系成为可能的桥梁之一。

第十七章 学龄阶段的团体影响和环境适应不良的儿童

在整合之前，如果没有足够好的母爱，婴儿的存在是不可想象的。只有在整合之后，如果母亲失败了，我们才能说，婴儿就会死于寒冷，或无限的坠落，或飞走，或像氢弹一样爆炸，在同一时刻摧毁自我和世界。

新整合的婴儿属于其生命中的第一个团体，这个团体就是婴儿所处的环境。在这个团体中，未整合的元素被一个它们尚未分化的环境所固定。这个环境就是抱持的母亲。

团体是"我是"出现之后的成就，也是一个危险的成就。"我是"的最初阶段需要得到保护，否则，被排斥的外部世界就从各方面、以各种可以想象的方式，对这个新生事物进行攻击。

继续研究个体的发展演变，我们会看到，越来越复杂的个人成长如何使团体成长也变得越来越复杂。但在这一点上，让我们先来看看基本假设的含义。

团体的形成

我们已经达到了一个整合的人的统一体的阶段，同时有一个被称为母亲的人提供庇护，她清楚地知道个体在新整合状态中固有的偏执状态。如果我使用"个体统一体"和"母亲的庇护"这两个术语，希望大家能够理解。

团体可能起源于这些术语所暗示的两个极端中的任何一个：
1. 有序叠加的统一体
2. 庇护

（1）成熟群体形成的基础是个体的叠加。个体整合很好的十个人，松散地叠加在一起，在某种程度上共享一个扩大的边界。现在，这个边界代表了每个个体成员的皮肤。每个人都为团体贡献自己的力量，并从内部维持团体的完整性。这意味着团体从个人的经验中受益，每个人都有个体整合的经历，他们在团体中被看到，被庇护，直到能够提供自我庇护。

团体的整合首先意味着个体对迫害的预期，为此，某种类型的迫害可以人为地产生一种团体形式，但不会形成稳定的团体。

（2）另一个极端是相对失整合的个体集合在一起，彼此被庇护，并形成一个团体。在这里，团体的工作不是来自个人，而是来自庇护。个体在这种情况下会经历三个阶段：

A.他们很高兴被庇护，并因此获得了自信。

B.他们开始利用团体，变得依赖，并退行到失整合状态。

C.他们开始独立地实现一些整合，利用群体提供庇护，因为他们预期会受到迫害，所以需要这种庇护。庇护机制受到了极大的压力。其中一些人确实实现了个体的整合，因此准备好被转移到另一种类型的团体，在这种团体中，个体为自己提供团体功能。另一些人则不能仅仅通过庇护机制来治愈，他们继续需要由一个机构来管理，但他们不认同这个机构。

在任何一个被考察的团体中，都能看到是哪一端占主导地位。"民主"这个词被用来描述最成熟的团体，而民主只适用于绝大多数已经实现个体整合（以及在其他方面成熟）的成年人的集合。

青少年团体可以在监督下实现某种程度上的民主。然而，期望在青少年中有成熟的民主是一个错误，即使每个人都已经成熟。对于年龄较小的健康儿童，任何团体的庇护范围都必须有据可查，而个体则通过自我结构的凝聚力为团体的凝聚力做出贡献。规模有限的群体为个体贡献提供了机会。

对不适应的儿童进行团体工作

针对健康成人、青少年或儿童组成的团体的研究，揭示了儿童生病时的团体管理问题，这里的生病是指适应不良。

这个令人不快的词——不适应——意味着在某个早期阶段，环境未能适当地适应孩子，因此孩子被迫要么接手庇护工作，从而失去真实的自我身份，要么在社会上被推来推去，寻求别人的庇护，这样才有机会重新开始个人整合。

反社会的孩子有两种选择——消灭真正的自我，或者震撼社会，直到它来为自己提供庇护。在第二种选择中，如果孩子找到了庇护，那么真实的自我可以重新出现，在监狱中存在总比在无意义的服从中泯灭要好。

就我所描述的两个极端而言，很明显，没有一个适应不良的儿童群体会因为男孩和女孩的个人整合而得以持续。其中原因部分是这个群体是由青少年或儿童这些不成熟的人组成的，但更主要是孩子们都或多或少地存在失整合。因此，每个男孩或女孩都对被庇护有异乎寻常的需求，因为每个人都在这方面有问题，在幼儿期或婴儿期的某个时候，他们都曾在整合这件事上受到了过度的限制。

那么，我们如何为这些儿童提供服务，以确保我们提供给他们的东西能够适应他们在走向健康过程中不断变化的需求？以下有两种替代方法：

第一种方法是收容所收留同一批儿童，并负责看护他们度过这一阶段，在他们发展过程中提供必要的服务。开始时，工作人员提供庇护，这时，团体是保护他们的掩体。在这个团体中，孩子们（在蜜月期过后）会变得看起来更糟，他们可能会达到失整合的谷底。幸运的是，并不是所有孩子都在同一时刻进入这样的状态，所以他们可以互相借鉴，相互利用，所以在任一时候，都会有一个孩子比其他孩子更糟糕。（摆脱这里面的孩子，这想法是多么诱人！但我们总在关键点上失败！）

渐渐地，孩子们一个接一个地开始实现个人整合，在五到十年的时间里，孩子还是那些孩子，但他们已经成为一种新的团体。庇护的因素随之减少，群体开始通过每个人内部的整合力量进行整合。

工作人员随时准备重新建立庇护，例如，当孩子在第一份工作中偷窃，或以其他方式表现出对"我是"状态或独立状态的恐惧症状时，就需要重新给予孩子庇护。

第二种方法，是组织几个收容所形成一个团队一起工作。每个收容所根据它所做的工作性质进行分类，并让每个收容所都保持它的类型。例如：

A收容所提供100%的庇护；

B收容所提供90%的庇护；

C收容所提供65%的庇护；

D收容所提供50%的庇护；

E收容所提供40%的庇护。

孩子们通过特意安排的参观，认识了团队中的各个收容所，而且还可以互换助手。当A收容所的孩子实现了某种个人整合，他或她就会升到上一级的收容所。这样一来，孩子逐渐进步，直到升入E级收容所，E级收容所能够满足孩子在青春期的成长需求。

在这种情况下，收容所团队本身就由专业机构和收容所委员会提供庇护。

第二种方法的尴尬之处在于，除非收容所的工作人员见面并充分了解所采用的方法和工作方式，否则他们将无法相互理解。例如：提供90%庇护并做所有脏活累活的B收容所会被视为低端；在这个收容所配有警报系统，还会出现逃跑事件；A收容所的位置会更好，因为这里完全没有个人的自由空间；所有的孩子看起来都很开心，吃得很好，访客也会喜欢，认为它是五个收容所中最好的一个。A收容所的管理者将需要成为一个独裁者，而且他无疑会认为其他收容所的失败是因为纪律松懈。但其实是A收容所的孩子们还没有开始呈现糟糕的一面。不过他们正准备开始。

在收容所B和C，孩子们躺在地上，不能起床，拒绝进食，弄脏裤子，只要出现爱的冲动就去偷东西，折磨猫，杀老鼠，把它们埋起来，以便有一个可以去哭的墓地。在这些收容所里，应该有一个告示：不接受访客。这些收容所的看守人永远要做的工作是掩盖赤裸裸的灵魂，他们看到的痛苦不亚于在成人精神病院看到的。在这样的条件下，要保持一个好的工作人员团队是多么困难啊！

总结

在所有关于收容所作为团体的说法中，我谈论的重点是团体工作与儿童个人整合的关系：团队工作是提升了还是降低了个体儿童个人整合的质量。我认为这种关系是基础性的：在提升个体儿童个人整合质量的地方，孩子们也为团队带来了他们自己的整合力量；而在降低的地方，收容所提供了庇护，就像为一个赤身裸体的孩子提供衣服，就像为一个刚出生的婴儿提供怀抱。

如果个人整合的影响因素分类混乱，那么收容所就无法找到自己的位置。患病儿童的疾病成了管理焦点，占主导地位，而那些可以为群体做出贡献的正常儿童则无法获得机会,因为收容所必须在任何时候和任何地方优先为患病儿童提供庇护。

我相信,如果我的这种对问题进行简化的方式能够为儿童和收容所的分类提供一种更有效的思路,那就是合理的。那些在收容所工作的人一直在被无数因为早期环境失败而心怀仇恨的孩子所报复,但这些失败并不是这些工作人员造成的。如果这些工作人员要忍受这种可怕的压力,甚至在某些情况下只能通过他们的容忍来纠正孩子们过去的失败,那么这些工作人员至少必须知道他们在做什么,以及为什么不能一直成功。

案例的分类

在认可了我们前面所提出的观点的基础上,我们才有可能逐渐进入复杂的团体问题。这里,我对案例类型做一个粗略的分类。

1.那些还没有完成整合的有病儿童。他们不能对一个团体做出贡献。

2.那些已经发展出假性自体的儿童。其假性自体的功能是与环境建立和保持联系,同时保护和隐藏真实的自体。这些儿童身上存在一种欺骗性的整合,一旦我们以为它是真的,并且理所当然地要求它做出贡献,这种虚假的整合就会破裂。

3.那些存在着退缩症状的生病的儿童。他们已经实现了整合,他们的防御也是沿着良性和恶性力量的交互而重新架构。这些孩子生活(退缩)在他们自己的内在世界中,以魔法来运行世界。虽然这也让人担忧(或震惊),但却是向着良性的方向在发展。而他们的外部世界则是恶性的或迫害性的。

4.那些通过过度强调整合来保持个人整合的儿童。他们正在努力建立强大的人格来抵御失整合的威胁。

5.那些拥有足够好的早期管理的儿童（通过调查信息知道）。他们已经能够使用一个过渡性空间，其中的客体因为同时代表外部和内在的价值对象而获得重要性。然而，这些孩子的好环境被突然中断，这种中断在一定程度上破坏了他们对过渡性空间里客体的使用。这些儿童是普遍带有"被剥夺情结"的儿童，当他们开始恢复希望时，他们的行为就会发展出反社会的特质。他们偷窃，渴望得到感情，并声称我们应相信他们的谎言。在他们最好的情况下，他们以普通的方式退行，或以局部的方式退行，如尿床，这代表了与梦有关的瞬间退行。在他们最坏的情况下，他们迫使社会容忍他们的症状（那些症状后面隐藏着他们的希望），尽管他们无法立即从自己的症状中受益。他们并没有通过偷窃找到他们想要的东西，但他们最终可能（因为有人容忍他们的偷窃行为）达到某种程度的信念更新，从而对世界恢复部分信心，能够试着向外界提要求。在这个团体中，有所有反社会行为的样本。

6. 那些在生命早期有好的开端，但受父母形象影响的儿童。他们不适合认同这些形象。这里有无数的亚群，其中的例子有：
（1）母亲混乱；
（2）母亲抑郁；
（3）父亲缺席；
（4）母亲焦虑；

（5）父亲十分严厉，但却没有相应的权威，没有获得严厉的权利；

（6）父母长期争吵喧闹，居住环境过度拥挤，孩子睡在父母的房间里，等等。

7.有躁狂—抑郁倾向的儿童。无论是否有遗传或基因因素。

8.除了抑郁阶段外，其他情况正常的儿童。

9.有受迫害预期的儿童。有被霸凌或成为霸凌者的倾向，在男孩中，这种倾向可能构成同性恋行为的基础。

10.轻度躁狂症，同时伴有隐性抑郁的儿童。其抑郁症状要么是处于潜伏状态，要么隐藏在心身疾病中。

11.已经充分整合的儿童。社会化过程中受到抑制和强迫以及对焦虑的防御组织的影响，（当他们生病时）这些症状都被粗略地归类到精神神经症这个类别下。

12.正常儿童。我们指的是当面临环境异常或危险情况时，这些孩子可以采用任何防御机制，但不会因为个人情感发展的扭曲而被驱向某一种固着的防御机制。

[1955]

第十八章　民主在心理学上的含义

首先，我意识到我正在对一个不属于自己专业的话题发表评论。社会学家和政治学家可能一开始就反感这种无礼的行为。然而，在我看来，工作者不时地跨越界限是很有价值的，只要他们意识到（就像我确实意识到的那样），他们的言论对于那些了解相关文献并习惯于使用专业语言的人来说，不可避免地显得很幼稚，因为这些入侵者对这些专业术语一无所知。

现在，"民主"这个词的重要性不言而喻，它被用在各种不同的语境中，这里有几个例子：

（1）由人民主政的社会制度。
（2）人民选择领导人的社会制度。
（3）由人民选择政府的社会制度。
（4）一种社会制度，其政府允许人民有以下自由：
　　（a）思想和意见的表达；
　　（b）企业经营。
（5）运行良好、经济富足的社会体系，允许个人有行动自由。

关于这个主题，人们可以研究：
（1）该词的词源。
（2）该类社会制度，如希腊、罗马等的历史。

（3）现代国家和文化对该词的使用。

（4）独裁者和其他人对该词的滥用，用于蒙蔽人民，等等。

在任何关于"民主"这类术语的讨论中，显然首先应该达成一个适合于特定情境中讨论的定义。

心理学中对"民主"一词的使用

是否可以从心理学角度研究这个术语的使用？我们接受并习惯于对其他困难的术语进行心理学研究，如"正常的心态""健康的人格""对社会适应良好的个人"，而且我们期望这种研究被证明是有价值的，因为它们赋予无意识的情感因素以充分的意义。心理学的任务之一是研究和提出在使用这些概念时存在的潜台词，而不是把注意力局限在明显的或意识层面的意义上。

在这里，我想尝试启动一项心理学研究。

关于"民主"一词的专业定义

这个词似乎有一个重要的潜在含义，即民主社会是"成熟的"，也就是说，它具有一种与个人成熟的品质相匹配的品质，这种品质是其健康成员的特征。

因此，民主在这里被定义为 "与健康的个人成员相适应的社会"。这个定义与R.E. 莫尼-克尔（Money-Kyrle）所表达的观点一致。[1]

对心理学家来说，人们如何使用这个术语才是最重要的。如果这

---

[1] 心理健康大会，1948年公报（Mental Health Congress, 1948 Bulletin）。

个词中隐含着成熟的因素，那么心理学研究就是合理的。我们的建议是，在这个词的所有用法中，都可以发现隐含着成熟或相对成熟的概念，尽管大家都承认要全面定义这些术语很难。

精神病学对健康的定义

在精神病学的概念里，正常或健康的个体可以说是一个成熟的人；根据他或她的年龄和社会环境，有程度适当的情感发展。（在这个论点中，身体的成熟是假设的基础。）

因此，精神病学的健康是一个没有固定含义的术语。同样地，"民主"一词也不需要有固定的含义。在一个社区中使用"民主"一词，它可能意味着社会结构中更成熟的人，而不是更不成熟的人。在这种情况下，人们预料这个词的固定含义在英国、美国和苏联各有不同，但却发现这个词保留了它自身的价值，因为它意味着健康即成熟。

该如何研究一个社会体系的情感发展？这项研究与对个人情感发展的研究密切相关。这两项研究必须同时进行。

民主机制

我必须尝试说明我所理解的民主机制的一般特征。如果需要通过自由投票和真正的无记名投票来选举领导人，这种机制就必须存在，只有这样的机制才能使人民能够通过无记名投票更换领导人，这种机制必须存在，以便在必要时候脱离规定流程的束缚，选举和罢免领导人。

民主机制的本质是自由投票（秘密投票）。其意义在于，它确保了人民除了有理性意识之外，还能自由地表达深刻的情感。①

---

① 在这方面，比例代表制是反民主的，即使是秘密的匿名形式也一样，因为它干扰了感情的自由表达，它只适用于理性健全的、受过教育的人表达对其意识层面的观点进行检验的期盼这一特殊条件。

在行使无记名投票时，如果个人足够健康，他将承担全部行动责任。投票表达了他内心斗争的结果，外部场景已被内化，与他个人内心世界的力量融合在一起。也就是说，投票是对他自己内部斗争的解决方案的表达。这个过程大致如此，外部场景中的社会、政治因素，对他来说都是待选项，他在内心将自己与斗争中的各方联系起来进行比对，选择认同的那一方。这意味着，他从自己的内部斗争的角度来看待外部场景，允许他的内部斗争以外部政治场景的角度来进行。这个来来回回的过程会产生工作量，也需要时间，花费时间做准备是民主机制的一部分。突如其来的选举会在选民中产生一种强烈的挫败感。每个选民的内心世界都在这段时间内变成一个政治舞台。

如果一个人对选票的保密性有疑问，无论他多么能力超群，他都只能通过投票的方式来表达自己的态度和反应。

强加的民主机制

我们有可能把属于民主的机制强加给一个社会，但这并不会创造出民主。需要有人继续维护这一机制（用于无记名投票等），并迫使人们接受选举结果。

固有的民主倾向[1]

民主是一个有限的社会，即一个存在自然边界的社会在某个时间点上的成果。对于一个真正的民主社会（正如今天所使用的术语），人们可以说，在这个社会中，已经有足够比例的成熟个体，他们的个

---

[1] 这里所用的"固有的"，我想表达的是：人类本性中的自然倾向（遗传因素）会如同植物一样自发地萌芽、成长，逐渐发展成民主的生活方式（社会成熟），但这只有通过个人的健康情感发展来实现；在一个社会群体中，只有一部分个人有足够好的运气发展到成熟，因此只有通过他们，群体固有的（遗传的）社会成熟的倾向才能得以实现。

人的情感发展已经足够成熟，因此存在着创造、重新创造和维护民主机制的先天倾向。

关键是要知道，如果确定有固有的民主倾向，成熟的个人需要多大的比例。用另一种方式来表达，一个社会能容纳多大比例的反社会个人而不淹没固有的民主倾向？

假设

如果第二次世界大战，特别是疏散计划使英国的反社会倾向的儿童的比例从X%增加到，比如说，5X%，这个比例就很容易影响到教育系统。因此，教育的方向是：面向5X%的反社会者，呼吁采用独裁式管理，从而让他们远离（100-5X）%的没有反社会倾向的儿童。

十年后，这个问题将被这样表述：社会可以通过将罪犯隔离在监狱中来应对X%的罪犯，但5X%的罪犯则需要从整体上进行调整，需要对罪犯整体重新认识。

对社会不成熟的认同

在一个社会中，如果有数量为X的人通过发展反社会倾向来显示他们缺乏社会意识，那么就有数量为Z的人通过另一种倾向来应对内心的不安全感——认同权威。这种认同是不健康的，不成熟的，因为这不是真正的认同，不是从自我发现中产生的。它是一种没有画面感的框架，一种没有保留自发性的形式。这是貌似亲社会的倾向，但它的实质是反个人的。以这种方式发展的人可以被称为"隐藏的反社会者"。

"隐藏的反社会者"与显性反社会者一样，都不是"完整的人"，因为每个人都需要找到并控制自我之外的外部世界中的冲突力量。相比之下，能够表现自己抑郁症状态的健康人，能够发现自我内部的整体冲突，也能够看到自我之外、外部（共享）现实中的整体冲突。当健康的人走到一起，他们每个人都贡献了一个完整的世界，因为每个人都带来了一个完整的人。

"隐藏的反社会者"为社会学上不成熟的领导类型提供了原材料。此外，"隐藏的反社会者"这一因素大大加强了来自明显的反社会因素的危险，特别是因为普通民众很容易让那些有领导冲动的人进入关键岗位。一旦进入领导岗位，这些不成熟的领导人立即会把明显的反社会分子聚集到自己身边，反社会分子会欢迎他们（不成熟的反个人的领导人）成为他们天然的主人（分裂的错误决定）。

立场不确定的群体

事情有点儿复杂。如果一个社区有（X+Z）%的反社会个体，那么这个社区的亲社会的群体可能并不是【100-（X+Z）】%，因为还有一些人处于不确定的位置。可以这样假设：

反社会的群体	X%
不确定群体	Y%
亲社会但反个人的群体	Z%
有能力做出社会贡献的健康人	【100-（X+Y+Z）】%
总计	100%

民主的重担，落在了【100-（X+Y+Z）】%的人群身上，他们作为个人足够成熟，能够在其基础良好的个人发展中增强社会意识。

例如，在今天的英国，【100-（X+Y+Z）】%代表多大的比例呢？可能相当小，比如30%。也许，如果有占比30%的成熟者，那么会有占比20%的不确定者将受到足够的影响而加入成熟者的队列，从而使占比总数达到50%。然而，如果成熟者的百分比下降到20%，那么可以预见，能够以成熟方式行事的不确定者的百分比将有更大的下降。一个社区中30%的成熟者加上20%的不确定者，占比总数为50%，如果是20%的成熟者加10%的不确定者，占比总数就仅为30%。

如果说50%的占比总数还可能表明社区有先天民主倾向，那么30%的占比总数却不足以避免被反社会分子（隐性和显性）和因软弱或恐惧而被吸引到他们身边的不确定者所淹没。随之而来的就是一种反民主的趋势，一种走向独裁的趋势，其特点是一开始就热衷于为民主而战（这个词的蒙蔽功能）。

这种趋势的一个标志是纠察机构成了个体不成熟的领导人——即地方性独裁者实践的舞台，他们是反社会的（亲社会但反个人的）。

纠察机构与健康社会的监狱和精神病院都很接近，联系紧密，因此，治疗罪犯和精神病患者的医生必须时刻保持警惕，以免自己被用作反民主倾向的代理人，而刚开始他们并不知道。事实上，必须始终有一个边界线，以保证对政治或意识形态反对派的矫正治疗与对精神病患者的治疗之间有所区别，虽然很多时候，这个界线很容易模糊。（与真正的心理治疗相比，这里存在着对精神病人进行物理治疗的社会危险因素，心理治疗是接受病人精神错乱的状态的。在心理治疗中，病人是一个与医生平等的人，有权利生病，也有权利要求健康和对个人政治或意识形态观点承担全部责任。）

先天民主因素的创造

如果民主意味着成熟，成熟意味着健康，而健康是可以获取的，那么我们希望知道，能否采取一些措施来促进它们的出现。当然，把民主机制强加给一个国家是没有用的。

我们必须将目光转向【100-（X+Y+Z）】%群体中的个人。一切都取决于他们。应该对这个群体的成员开展研究。

我们发现，与这些人过往的早期经历相比，与这些人的父母和家庭为他们已经做（或不做）的事情相比，在任何时候，我们做任何事情，都无法提高这种先天民主因素的比例。

然而，我们可以努力避免对未来的损害。在当下，我们可以尽量避免干扰那些能够应对，并且实际上正在应对他们自己的儿童和青少年的家庭。这些普通的好家庭提供了唯一的环境，在那里可以创造、培养出先天的民主因素①。这的确是一个对积极贡献的谦逊声明，但在其应用中却有令人惊讶的复杂性。

不利于普通的好家庭运作的因素

（1）人们很难认识到，民主的本质确实存在于普通的男人和女人，以及普通的、平凡的家庭之中。

（2）即使明智的政府以政策形式给予父母用自己的方式管理家庭的自由，也不能确保那些实施政策的官员会尊重父母的立场。

（3）普通的好父母确实需要帮助。他们需要在身体健康以及预防和治疗身体疾病方面得到科学的帮助；他们还希望在儿童护理方面得到指导，以及在孩子有心理疾病或出现行为问题时得到帮助。但是，如果他们寻求这样的帮助，他们能保证自己的责任不会被剥夺吗？一旦这种情况发生，他们就不再是先天民主因素的创造者了。

---

① 普通的足够好的家庭是无法进行统计调查的。它没有新闻价值，不引人注目，也不会产生那些被公众所知的男人和女人。根据二十五年来我亲自参与的两万个案例记录，在我工作的社区里，普通的足够好的家庭是随处可见的，甚至是最常见的。

（4）许多父母不是普通的好父母。他们是精神病患者，或者他们自身就不成熟，或者他们是广义的反社会者，而只是有限地被社会化；或者他们未婚，或者关系不稳定，或者争吵，或者彼此分离，等等。这些父母需要得到社会的关注，因为他们有缺陷。问题是社会能否看到，不能让对这些病态特征家庭的导向影响社会对普通健康家庭的导向。

（5）在任何情况下，父母试图为他们的孩子提供一个家庭，在这个家庭中，孩子们可以作为个体成长，并且每个人都逐渐增加认同父母的能力，然后扩展至认同更广泛的群体，从一开始，当母亲与她的婴儿达成协议时，这个认同就开始了。在这里，父亲是一个保护者，他使母亲能够全身心地投入到她的孩子身上。

近年来，家庭对于社会发展的地位早已得到承认，心理学家已经发现了很多东西：一个稳定的家庭不仅能使儿童找到自己，发现彼此，而且还能使他们有资格成为更广泛意义上的社会成员。

然而，在对早期母婴关系的干预问题上，我们还需要特别留意。我们的社会中，这方面的干扰越来越多，还有一些心理学家声称，在生命最开始的阶段，身体上的照顾才是最重要的，这也带来了额外的危险。这只能说明，在一般人的潜意识幻想中，围绕着婴儿和母亲的关系，有很多极可怕的想法。

这些潜意识的焦虑在实践中表现为：

（1）医生甚至是心理学家过分强调生理过程和生理指标的健康。

（2）各种理论认为母乳喂养不好，婴儿一出生就必须接受训练，婴儿不应该由母亲照顾，等等；（另一个极端）认为必须建立母乳喂养，不应该进行任何训练，永远不应该让婴儿哭，等等。

（3）干扰母亲在最初期与婴儿接触，干扰她向婴儿首次展示外部现实。这毕竟是新个体最终与不断扩大的外部现实发生联系的能力的基础，如果母亲的巨大贡献被破坏或阻止，那么个体就没有希望最终进入【100-（X+Y+Z）】%的群体，而只有这个群体才能产生先天的民主因素。

次级主题的发展：个人选举

民主机制的另一个重要部分是，选举出来一个人。

在这件事情上，全世界现存的状况分三种：

（1）投票给一个人；

（2）投票给一个有既定倾向的政党；

（3）通过投票支持一个明确的原则。

（1）选举一个人意味着选举人（作为一个人）相信他自己，因此也相信他提名或投票的人。当选的人有机会作为一个人行事。作为一个完整的（健康的）人，他有内在的全部冲突，这使他能够对全部外部情况有一个看法，尽管是个人的看法。当然，他可能属于某个党派，并被称为有某种政治倾向。然而，他能以一种微妙的方式适应不断变化的条件；如果他真的改变了主要导向，就能使自己获得连任的机会。

（2）政党或团体倾向的选举相对不那么成熟。它不要求选举人对一个人的信任。然而，对不成熟的人来说，这是唯一合乎逻辑的程序，正是因为不成熟的人无法想象或相信一个真正成熟的人。投票给一个政党或某种政治倾向，投票给一件事而不是一个人，其结果是建立一种僵化的观点，不适合于微妙的反应。这种被选举出来的东西不能被爱，也不能被仇恨，它适合于自我意识发展不良的个体。可以说，当重点放在对原则或政党的投票而不是对人的投票时，投票制度就不那么民主，因为不那么成熟（就个人的情感发展而言）。

（3）对某一具体问题的投票，与"民主"一词的含义相去甚远。全民公决没有什么成熟之处（尽管在特殊情况下可以使之与成熟的制度相适应）。可以举出英国在两次世界大战之间进行的和平投票作为例子来说明公投的无用之处。人们被要求回答一个具体问题（你赞成和平还是赞同战争？），很多人弃权，因为他们知道这个提问是不公平的。在当时的投票中，很大一部分人在"和平"这个词上打了√，尽管实际上，当环境重新安排，战争到来时，这些人赞成战争并参加了战斗。问题是，在这种类型的提问中，只有意识层面的愿望的表达空间。在这样的选票中，在"和平"一词上打钩和支持一个众所周知的和平主义者之间没有任何关系，也并不意味着为了结束战争，我们就应该接受懒惰、放弃责任以及背叛朋友。

同样的反对意见也适用于盖洛普民意调查（Gallup Poll）和其他问卷调查的大部分内容，尽管已经采取了大量的措施来避免这种陷阱。在任何情况下，对某一具体问题的投票确实不能替代对一个人的投票，而这个人一旦当选，就有一段时间使用他自己的判断力。公投与民主没有任何关系。

小结：对民主倾向的支持

1. 最有价值的支持是通过有组织地避免干涉普通良好的母婴关系和普通良好的家庭，以消极的方式给予支持。

2. 为了提供更明智的支持,即使是这种消极的支持,也需要对所有年龄段的婴儿和儿童的情感发展进行研究,也需要对哺乳期的母亲和父亲在不同阶段的功能进行心理学研究。

3. 这项研究的存在表明,人们相信民主程序中的教育价值,当然这只能在对民主有理解的情况下进行,而且只有对情感成熟或健康的人进行的教育才有价值。

4. 另一个重要的消极贡献就是要避免试图将民主机制植入所有团体和社区。如果这样,其结果只能是失败,并使真正的民主发展受挫。可选择的、有价值的做法是支持情感成熟的个体,无论他们有多少,然后让时间来完成剩下的事情。

人——男人还是女人?

在这里,必须考虑到一点:"人"这个词语,是否可以替换为"男人"或"女人"。

事实是,尽管越来越多的女性开始担任重要职位,但现在世界上大多数国家的政治首脑都是男性。也许我们可以假设男人和女人具有同等的能力,或者反过来说,并非只有男人具有符合担任最高政治职位的智力或情感的条件,但这并不能解决问题。心理学家的任务是提请大家注意潜意识的因素,这些因素很容易被忽略,甚至在这种专业主题的严肃讨论中也是如此。必须考虑到民众对当选为政治首脑的男人或女人的潜意识期待。如果民众是根据男人还是女人而产生不同的幻想,这一点就不能被忽视,也不能被这样的评论所掩盖:幻想不应该被计算在内,因为它们"只是幻想"。

在精神分析的相关工作中,人们发现所有的人(男人和女人)

都对女性存有某种恐惧①。这和我们日常说的一个人害怕某个女人是完全不同的。这种对女性的恐惧是社会结构中的一个强有力的因素，它是导致女性极少掌握政治权力的原因，也是造成对女性的大量残酷行为的原因，这些行为在所有文明中都存在，能在世界各地的习俗中找到。

这种对女性的恐惧的根源是众所周知的。它与这样一个事实有关：在每一个发展良好、理智、能够找到自我的人的早期历史中，都有对一个女人的亏欠——这个女人对婴儿时期的这个人全身心奉献，而她的奉献对这个人的健康发展是绝对必要的。最初的依赖没有被记住，因此亏欠也没有被承认，而对女人的恐惧代表了这种承认的第一个阶段。

个人心理健康的基础是在生命初期就奠定的，当时母亲只是在为她的婴儿奉献，因为完全没有意识到依赖性，婴儿反而是双重依赖。没有任何与父亲的关系具有这样的品质，由于这个原因，一个在政治意义上处于顶峰的男人，如果处于类似的位置，可以让群体觉得他在事务处理上比一个女人更客观。

女人们经常声称，如果女人掌管事务，就不会有战争。人们对此持怀疑态度，但是，即使这种说法是真的，仍然不能说明男人或女人

---

① 在这里详细讨论这个问题是不合时宜的，但如果能循序渐进地展开，最后就可以很好地证明这个观点，这种对女性的恐惧源自三个因素：

（i）在极小的时候对父母的恐惧。

（ii）对综合性人物的恐惧，比如，害怕一个在女性身份里包含着男性攻击力量的人（女巫）。

（iii）对母亲的恐惧，她在婴儿出生之初就有绝对的权力，可以提供或不提供自我作为婴儿早期自体建立的基本条件。

这一观点在温尼科特的《儿童与家庭》（伦敦：塔维斯托克出版社，1957年）的后记"母亲对社会的贡献"和温尼科特的《孩子、家庭与人世间》（哈蒙兹沃思：企鹅出版社，1964年）的导言中得到进一步讨论。

会容忍女性处于政治权力最高点，这是普遍原则。（王室由于处于实权机构之外或超越政治，不受这些考虑的影响。）

作为这种考虑的一个分支，我们可以来研究一下独裁者的心理，他恰恰与"民主"这个词相反。成为独裁者的根源之一是需要一种强迫性，即通过将女人包围、掩盖起来并替代她的功能，以此来处理独裁者自身对女性的恐惧。独裁者不仅要求绝对服从和绝对依赖，而且还要求"爱"，希望被民众真心爱戴，这种奇怪的习惯便来源于此。

此外，群体接受甚至寻求真实统治的倾向来自幻想中被女人支配的恐惧。这种恐惧促使他们寻求那些具有人格魅力的知名人士的统治，特别是那些把幻想中无所不能的女人的神奇品质人格化并对此加以限制的人。独裁者可以被推翻，也会最终死亡；但原始无意识的幻想中的女性形象，其存在或权力是没有任何限制的。

亲子关系

民主制度包括为当选的统治者提供一定程度的稳定性；只要他们能够在不疏远选民支持的情况下处理好自己的工作，他们就能在这个位置待下去。通过这种方式，人民安排了某种程度的稳定，这种稳定，他们无法通过对每一个问题进行直接投票来维持，即使有这样操作的可能。这里，心理学考虑的是，每个人的成长中都存在亲子关系的事实。尽管在成熟的民主政治生活方式中，选举人大概率是成熟的人，但我们也不能否认选举中存在类似亲子关系的影子，也不能否认其益处。在某种程度上，民主选举是成熟的人选出了自己的临时父母，这意味着他们也承认在某种程度上，选举人仍然是孩子。

即使是当选的"临时父母"，即民主政治制度的统治者，在其专业的政治工作之外，自己也是孩子。如果他们在驾驶汽车时超过了速度限制，他们就会受到普通的司法谴责，因为驾驶汽车并不是他们统治工作的一部分。作为政治领导人，而且只是作为政治领导人，他们暂时是民众的"父母"，而在选举中被罢免后，他们又恢复了孩子的身份。好像用父母和孩子的游戏举例子更方便，因为这样效果更好。换句话说，因为亲子关系有其可取之处，所以其中一些部分得以保留；但是，要做到这一点，需要有足够比例的人足够成熟，而不介意假装当孩子。

同样，人们认为这些扮演父母的人自己如果没有父母，也是不好的。所以在游戏中，人们普遍认为应该有另一个代表机构，由人民直接选举出来的统治者应该对其负责。在英国，这一职能属于上议院，它由那些拥有世袭头衔的人和因在公共工作中表现突出而赢得地位的人组成。同样地，"父母"的"父母"也是人，也是作为人而对社会做出积极贡献。而爱或恨、尊重或鄙视一个人都是有意义的。只要一个社会是根据其情感成熟度的质量来评价的，"人"至高无上的地位就不可替代。

此外，在对英国社会环境的研究中，我们看到，相对于王室而言，议员是孩子。在每个案例中，我们都回归到"一个人"的视角，他通过遗传来保持自己的地位，也通过自己的个性和行动保有人民的爱。当在位的君主轻松、真诚地把这件事推进到下一个阶段，宣布相信上帝时，这当然是有帮助的。在这里，我们触达到"垂死的上帝"和"永恒的君主"这两个相互关联的主题。

民主的地理边界

从一个成熟的社会结构来说，民主的发展需要这个社会设置有自然的地理边界。显然，直到现在，英国四面临海（除了与爱尔兰接壤），这在很大程度上是英国社会结构成熟的主要原因。瑞士有（不太令人满意的）山地限制。美国仍拥有西部优势，有无限的开发潜力；最近它开始充分感受一个封闭社区的内部斗争，尽管有仇恨，也有爱，两者结合在一起。

一个没有自然边界的国家不能放松对邻国的积极适应。从某种意义上说，恐惧简化了情感状况，在对外部威胁产生凝聚反应的基础上，许多不确定的Y和一些不太严重的反社会的X变得能够认同这个国家。然而，这种简化不利于走向成熟，这是一件困难的事情，涉及对基本冲突的充分承认，以及不采用任何迂回方式（防御）的应对策略。

在任何情况下，社会的基础是全部成员的个性，而个性有一个限度。一个健康人的结构可以用一个圆圈（球体）来代表，因此，任何"非他"的东西都可以被描述为在该人的内部或外部，清晰地界定属于他或者不属于他。人们不可能在社会建设中比他们自己的个人发展更成熟，更进一步。

由于这些原因，我们对"世界公民"这类术语的使用持谨慎态度。也许只有少数真正伟大、相当年长的男人和女人在他们的个体发展中走得足够远，才可以用这样涵盖广博的术语来思考问题。

如果整个世界都是我们的社会，那么它就需要有时处于抑郁的情绪中（就像一个人有时不可避免地要抑郁一样），而且它必须能够完全承认自身的基本冲突。全球化的概念带来了"自杀的世界"的想法，同时也带来了"幸福的世界"的想法。出于这个原因，我们猜想"世界大同"的主导者是处于躁狂状态的躁狂—抑郁症个体。

民主知识的教育

通过对社会心理学和个人成熟度的研究，可以加强现有的民主趋势。这种研究的结果必须以可理解的语言提供给现有的民主国家和各地的健康个人，以便他们能够有更明智的自我意识。除非他们有了自我意识，否则他们就不知道该攻击什么，该捍卫什么，也不可能在民主出现威胁时认识到这些威胁。"自由的代价是永恒的警惕"，但是，应该由谁来警惕？——由【100-（X+Y+Z）】%群体中，两三个成熟个体来警惕。其他的人只是专注于做普通的好父母，把成长和成熟的工作交给他们的孩子。

战时民主

需要明确，战争中是否存在民主？答案当然不是简单的有。事实上，有理由表明，战争时期应该宣布因为战争而暂时中止民主。

很明显，成熟健康的个人组成的集体产生了民主制度，这些个体有能力进行战争：（1）提供成长空间；（2）捍卫有价值的、已经拥有的东西，等等；（3）打击反民主的倾向，因为有人通过战斗来支持反民主倾向。

然而，事情的结果一定不如人意。如前面所述，一个社区从来都不是由百分之百的健康、成熟的人组成的。一旦战争临近，就会出现群体的重新组合，因此，当战争打响的时候，战斗并不都是由健康的个体进行的。我们以之前所分述的四个群体为例：

（1）反社会者与轻度偏执狂的类型中，很多人因为真实的战争而感觉良好，他们欢迎真正的迫害性威胁，也会通过积极的战斗找到一种亲社会倾向。

（2）在立场不确定的群体中，会有许多人跨入战争行列做该做的事情，他们可能是在利用战争的严峻现实来成长，否则他们本来不会这样做。

（3）在隐藏的反社会者中，有些人可能在战争创造的各种关键职位上找到了成为支配者的机会。

（4）成熟、健康的人不一定像其他人表现得那样好。他们并不像其他人那样确定敌人是坏的。他们有疑虑，而且他们对世界文明，对美和对友谊更为看重，他们不容易相信战争是必要的。与近乎偏执狂的人相比，他们在拿起手中的枪和扣动扳机时都很慢。事实上，他们很可能错过前往前线的巴士，但他们如果到了那里，他们会是可靠的、最能适应逆境的人。

此外，一些和平时期的健康人在战争中变成了反社会的人（良心反对者），不是因为懦弱，而是因为真正的自我怀疑，就像和平时期的反社会的人往往在战争中发现自己的勇敢行动。

由于这些和其他原因，当一个民主社会参与战争时，是整个群体在战斗，很难找到一个仅仅是那些为和平提供先天民主因素的人在战斗，而其他人没有参与的例子。

也许，当战争扰乱了民主制度时，最明智的描述是在那一刻民主制度已经结束，那些喜欢民主生活的人将不得不重新开始，当外部冲突结束后，在团体内部为重建民主机制而战斗。

这是一个很大的课题，值得心胸宽广的人加以关注。

总结

1. "民主"一词的使用可以进行心理学上的研究，因为它意味着成熟。

2. 民主和成熟都不可能被强行植入一个社会。

3. 在任何时期，民主都是一个有限社会的成果。

4. 社会中的先天民主因素来自普通良好家庭的正常运行。

5. 促进民主趋势的主要活动形式是消极的：避免对普通良好家庭进行干扰。根据已知的心理学成果和教育学的研究成果提供帮助。

6.足够好的母亲对其婴儿的奉献有特殊意义，最终情感成熟的能力是由奉献的结果而产生的。在一个社会中，大规模的干预会迅速有效地减少该社会的民主潜力，因为它会消减其文化的丰富性。

[1950]

每一章的原始资料

1.《生命的第一年》：发表于《医学报》，1958年3月。

2.《最初始的母婴关系》：给适应不良儿童工作者协会的讲座，1960年4月（1964年修订）。

3.《不成熟阶段的成长和发展》：未见出处。

4.《安全感》：1960年3月在英国广播公司（BBC）发表的讲演。原标题为《论安全感》。

5.《孩子五岁时》：1962年6月25日在BBC发表的讲演。原标题为《他们五岁了》。

6.《家庭生活中的整合性因素和破坏性因素》：在金史密斯学院（Goldsmith's College）举办的讲座，1957年10月；儿童保育员协会讲座，1958年5月；在麦吉尔大学（McGill University）举办的讲座，1960年10月；随后发表在《加拿大医学协会杂志》上，1961年4月。

7.《父母有抑郁症的家庭》：家庭服务单位个案工作者学习周末的讲座，1958年10月。

8.《精神障碍对家庭生活的影响》：儿童保育员协会讲座，1960年2月。

9.《有精神病障碍的父母对儿童情感发展的影响》：精神科社会工作者协会讲座，1959年11月；随后发表在《英国精神病学社会工作杂志》，第6卷，第1期，1961年。

10.《青春期》：对伦敦郡议会儿童部高级职员的一次讲座，1961年2月；随后发表于《家庭与学校新时代》，1962年10月；在《新社会》中修订，题为"在低潮中挣扎"，1963年4月25日。

11.《家庭和个体情感成熟》：心身研究学会讲座，1960年11月。

12.《儿童精神病学理论》：发表于《儿科现代趋势》第14章，由A. Holzel和J. P. M. Tizard编辑（伦敦：Butterworth，1958）。

13.《精神分析对产科的贡献》：助产士督导协会组织的课程讲座；随后发表于《护理时报》，1957年5月17—24日。

14.《给父母的建议》：皇家助产士学院组织的助产士的课程讲座，1957年11月。

15.《患精神疾病儿童的个案工作》：伦敦郡议会儿童福利官协会的讲座，1959年10月。

16.《被剥夺儿童如何补偿失去的家庭生活》：儿童保育员协会的讲座，1950年7月。

17.《学龄阶段的团体影响和环境适应不良的儿童》：给适应不良儿童工作者协会的讲座，1955年4月。

18.《民主在心理学上的含义》：发表于《人际关系》，第3卷，第2期，1950年6月。

温尼科特的著作

Clinical Notes on Disorders of Childhood. 1931. London: William Heinemann Ltd.

The Child and the family: First Relationships. 1957. London: Tavistock Publications Ltd.

The Child and the Outside World: Studies in Developing Relationships. 1957. London: Tavistock Publications Ltd.

Collected Papers: Through Paediatrics to Psychoanalysis. 1958. London: Tavistock Publications. New York: Basic Books, Inc., Publishers.

The Child the Family and the Outside World. 1964. London: Penguin Books. Reading, Massachusetts: Addison–Wesley Publishing Co., Inc.

The Maturational Processes and the Facilitating Environment. 1965. London: Hogarth Press and the Institute of Psychoanalysis. New York: International Universities Press.

The Family and Individual Development. 1965. London: Tavistock Publications Ltd.

Playing and Reality. 1971. London: Tavistock Publications Ltd. New

York: Basic Books.

Therapeutic Consultations in Child Psychiatry. 1971. London: Hogarth Press and the Institute of Psychoanalysis. New York: Basic Books, Inc., Publishers.

The Piggle: An Account of the Psycho-Analytical Treatment of a Little Girl. 1978. London: Hogarth Press and the Institute of Psychoanalysis. New York: International Universities Press.

Deprivation and Delinquency. 1984. London: Tavistock Publications.

Holding and Interpretation: Fragment of an Analysis. 1986. London: Hogarth Press and the Institute of Psychoanalysis.

Home Is Where We Start From. 1986. London: Penguin Books. New York: W. W. Norton & Company, Inc.

Babies and Their Mothers. 1987. Reading, Massachusetts: Addison-Wesley Publishing Co., Inc.

Selected Letters of D. W. Winnicott. 1987. Cambridge, Massachusetts: Harvard University Press.

Human Nature. 1987. London: Free Association Books.